电子基础与维修工具

核心教程

田佰涛◎编著

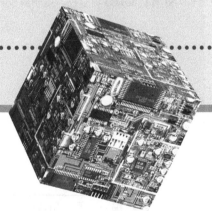

人民邮电出版社

北　京

图书在版编目（CIP）数据

电子基础与维修工具核心教程 / 田佰涛编著. -- 北京：人民邮电出版社，2017.7（2022.1重印）
ISBN 978-7-115-45066-1

Ⅰ. ①电… Ⅱ. ①田… Ⅲ. ①电子技术－教材②电子器件－维修－工具－教材 Ⅳ. ①TN

中国版本图书馆CIP数据核字(2017)第088934号

内 容 提 要

本书用通俗易懂的语言和图文并茂的形式介绍了电器产品维修中的电子基础与维修工具，其中电子基础部分讲解了电阻、电容、二极管、三极管、场效应管、门电路等基本电子元件的知识，还特别介绍了如何分析电路图；维修工具部分讲解了万用表、电烙铁、热风枪、BGA返修台等常用维修工具的使用方法和技巧，还用较大篇幅详细介绍了维修中的高端仪器—示波器的使用技巧。

本书特别适合新入门的维修人员阅读，也适合具有一定维修经验的人员学习，以提高维修技术，同时也可作为计算机维修培训学校、电子院校相关专业的培训教材。

◆ 编　著　田佰涛
　　责任编辑　张　涛
　　责任印制　焦志炜

◆ 人民邮电出版社出版发行　北京市丰台区成寿寺路 11 号
　　邮编　100164　电子邮件　315@ptpress.com.cn
　　网址　http://www.ptpress.com.cn
　　北京七彩京通数码快印有限公司印刷

◆ 开本：787×1092　1/16
　　印张：13.5　　　　　　2017 年 7 月第 1 版
　　字数：328 千字　　　 2022 年 1 月北京第 5 次印刷

定价：49.00 元（附光盘）

读者服务热线：(010)81055410　印装质量热线：(010)81055316
反盗版热线：(010)81055315
广告经营许可证：京东市监广登字20170147号

最近几年，随着科技的发展及人们生活水平的提高，计算机已成为人们生活与工作中的必需品，计算机的普及，必然要带动其维修、维护市场的蓬勃发展，因此有越来越多的人投入到计算机维修这个行业。该行业具有投资小、利润大、风险低等特点，因此，开一家计算机维修店，成为了很多年轻人自主创业的选择。

本书作者在自己十多年从事计算机维修技术培训中发现，维修学员们普遍存在着"两难"现象，一是入门难，二是精通难。究其原因，是电子基础知识的严重匮乏。任何复杂的电路板，分析到最后，都是由最基本的电子元器件所构成的。可以试想一下，如果连最基本的电子元器件都不认识，如何能够看懂多则上百页的电器电路图？又如何能够维修复杂的电路板？

正是基于以上原因，本书作者经过两年的精心准备，将电器维修中能用到的几乎全部的基础知识收集整理，著成此书，以解决维修学员们的"两难"问题。通过将此书作为实际维修培训图书的效果来看，学员们普遍感觉入门简单了，很多学员也能在短时间内达到精通维修的目的，彻底解决了学员们的"两难"问题！

本书特点

- 内容全面：系统讲解了电器维修中的几乎全部的基础知识，包括理论与实践，没有一点电路基础的人看完此书，也能学好维修技术。
- 语言简练：采用了通俗易懂的语言和图文并茂的形式，书中所有照片均为作者在一线维修中实际拍摄。
- 技术尖端：书中不仅介绍了基础知识，还介绍了如何分析电路图以及 BGA 返修台、示波器的使用技巧等维修中的尖端技术。
- 针对性强：所有知识点的讲解，均是直接针对电器维修中所必须要用到的内容，对维修技术的提高起到事半功倍的效果。

本书由田佰涛编著，参与本书编写及材料整理的还有孙艳、田佳音、乔恒、邓照辉、刘永鹏、王永健、梁磊、胡可洋、田瑞芳、田帅等。在本书的编写中，还得到了行家（中国数码维修连锁）的大力支持，在此一并表示感谢！

由于编写时间仓促，书中难免会有疏漏及不足之处，恳请广大读者批评指正（发送电子邮件至：5055707@qq.com）。

作者

于青岛

目　录

第 1 章

电的基本知识

要想深入学习电子基础，必须先从电的源头讲起。本章主要讲解：电是一个什么样的物质，获得电的方式有哪些，以及它有什么样的特性，弱电、强电、高压电的概念，导体、电压、电流、电阻的概念，直流电与交流电的特征与判断及断路、开路、击穿、短路的概念等基本电路知识。

1.1 电的起源

电是一种能源，它是由其他形式的能转化而来的一种能源，获取电的方式有很多，如干电池产生电，它获得电的原理是利用化学能转化成电能；发电机产生电，它获得电的原理是利用机械能转化成电能；太阳能产生电，它获得电的原理是利用太阳光中的能量成分转化成电能；风力产生电……由此可见，电这种物质，它是一种能源，这种能源，它既不会自身产生，也不会自身消失，它只会由一种形式转化成另一种形式，或者由一种能转化成另一种能。

目前，大型发电厂获得电的方式主要有火力发电、核能发电、水力发电等。

1. 火力发电

煤、油等燃料燃烧把水加热产生蒸汽，由蒸汽驱动汽轮机，汽轮机带动发电机转子做运动产生电能。

2. 核能发电

核反应堆中的核裂变所释放出的大量热能进行发电，它与火力发电极其相似，只是以核反应堆及蒸汽发生器来代替火力发电的锅炉。

3. 水力发电

修筑大坝以抬高水位落差，在重力作用下流水带动水轮机，驱动发电机，产生电能。

发电厂的外部场景如图 1-1 所示，在电给人们生活带来便利的同时，那高耸入云的烟囱也会对大气环境产生不小的污染，所以一定要节约用电。

图 1-1

1.2　电的作用

电的作用太重要了，电可以说已应用于各个行业，它在城市发展和工农业发展中，起到了举足轻重的作用。可以试想一下，一个城市如果没有了电会是一个什么样的场景？记得小时候，语文课本里有句话是对电的描述，至今仍记忆犹新，那就是：楼上楼下，电灯电话，有了电，真方便，电的用处说不完！

目前，从小学到大学，学校里都有电化教室，给教学带来了极大的便利。图 1-2 所示为中学生们正在电化教室内上计算机课。

图 1-2

1.3　弱电、强电、高压电

1. 弱电

弱电与强电是相对而言的，并没有严格的区分，一般情况下，弱电是对人体没有伤害的电，一般是 36V 以下，弱电主要用于通信、有线电视、网线、电脑、钟表、儿童玩具等，弱电一般应用于微电子产品中，它具有电压低、电流小、使用安全等特点。

2. 强电

一般情况下，强电是指对人体可以产生直接伤害的电，一般大于 36V 就认为是强电，比较常见的有民用 220V 和工业用 380V，强电一般应用于工业生产与大型动力设备中，它具有电压高、电流大、功率大等特点。

3. 高压电

高压电是指配电线路电压在 380V 以上的电，一般都会高于 1000V 甚至达到几十千伏，电力系统中 1000 kV 及以上的电压等级为特级高压电。

1.4 导体

容易导电的物体称为导体，如铁、铜、铝等金属一般都是导体。不容易导电的物体称为绝缘体，如塑料、橡胶、木头等。介于导体和绝缘体之间的物体称为半导体。

导体为什么会导电？以铁为例，铁是金属，它有自由移动的电子，所以它可以导电。

木头不导电，但加了水为什么可以导电？那是因为水中有离子，离子是带电的粒子，可以在电场的作用下自由移动，所以可以导电，因此，潮湿的环境下要注意防止触电。

各种导线就是最好的导体，常见的铜线如图 1-3 所示，可以看到，这些线相对还是比较粗的，它们主要用于功率相对大的电器，如果是普通信号级别的信息传输，没有必要用这么粗的线。

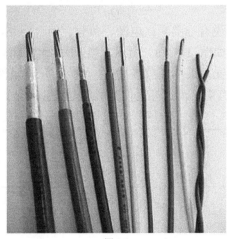

图 1-3

1.5 电压

电压（voltage）也称作电势差或电位差，简单来说，就是两个点之间的电位的差，也可以理解成水位的高低差别，它是用来衡量单位电荷在静电场中由于电势不同所产生的能量差的物理量。其大小等于单位正电荷因受电场力作用从 A 点移动到 B 点所做的功，电压的方向规定为从高电位指向低电位的方向。电压的国际单位为伏特（V），常用的单位还有毫伏（mV）、微伏（μV）、千伏（kV）等。

结合之前讲到的高压电，跨步电压如图 1-4 所示，可以看到，人离高压电部分 U 越近，电压差就越大，危害也就越大，如果是在电子电路中，电压差越大，产生的能量也就越大。

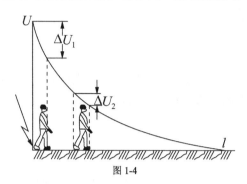

图 1-4

1.6　电流

电荷的定向移动形成电流，电流也可以理解成水流，直径越大，水位差越高的，水流也就越大，电流也是一样，导线越粗，电压差越高，电流也就越大。电流的表示符号为"I"，单位为安培，符号为"A"，比"A"小的常用的电流单位还有毫安（mA）和微安（μA），它们的换算关系为：1A=1000mA=1000000μA。

电流的定义是：单位时间内通过导体横截面的电荷量，公式表达为

$$I=Q/t$$

形成电流的条件准确来说有三要素：电源、负载、闭合回路，有人说是电源、负载和开关，这并不是完全正确的，如图 1-5（a）所示，当开关"K"闭合时，电源 EC 就会有电流流过灯泡使其形成电流并发光，而如图 1-5 中的（b）所示，虽然没有开关"K"，但由于存在闭合电路，电源 EC 仍会有电流流过灯泡使其形成电流并发光。

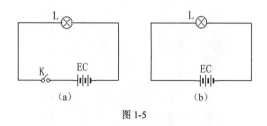

图 1-5

1.7　电阻

导体对电流的阻碍作用叫作电阻，任何一个导体对流过它的电流都有一定的阻碍作用，只不过有的导体阻碍得轻（易导电），有的导体阻碍得重（不易导电）。电阻是导体对流过它

的电流具有一定阻力的一种性质，它和人们平常所说的电路板上的"电阻"不是一个概念（后续内容中会讲到），电阻是一种性质，是看不见摸不着的一种东西。

电阻的表示符号是"R"，单位是欧姆，欧姆的表示符号是"Ω"，比欧姆大的还有 kΩ 和 MΩ，它们之间的换算关系为 1MΩ=1000kΩ、1kΩ=1000Ω。

如图 1-6 所示，一根导线对流过它的电流有一定的阻碍作用，也就是说它具有电阻的特性，但不能说这根导线就是个电阻，它虽具有电阻的特性，但它不是电阻，其仍然是一根导线。

图 1-6

1.8 电阻定律

导体的电阻特性由电阻定律来决定。

电阻定律的概念是：对于同一材料的导体而言，它的电阻跟它的长度成正比，跟横截面积成反比，公式为

$$R=\rho l/S$$

可以看到，对于同一材料的导体而言，ρ 一定，l 越大，电阻越大，S 越大，电阻越小，也就是说，导线越长，电阻就越大；导线越粗，电阻就越小。这就是为什么家里装个灯泡找一般的导线就可以，如果要安装一台空调，就必须要用一根粗点的电线。

如果家里安装大功率电器，尽量采用铜线，粗细要满足功率要求，如图 1-7 所示。

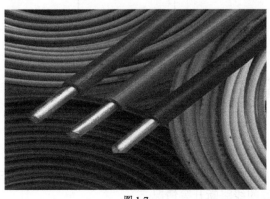

图 1-7

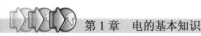

1.9 直流电与交流电

1. 直流电

方向不随时间的改变而改变的电叫作直流电，直流电有正、负极之分，一般用在低压电子设备中，如手机、笔记本电脑、台式机电源及其他生活电子产品等。直流电一般都是弱电级别，直流电分为稳定直流电、脉动直流电和波动直流电等。

2. 交流电

大小和方向都随时间的改变而改变的电叫作交流电，最常见的交流电电压是 220V，也就是家庭电网的电压，它没有正、负之分。虽然交流电有火线和零线之分，但是插头正插或反插，机器都可以正常工作。交流电主要用于工业，一般为强电，平常使用的家用电子数码产品中，很少用交流电。

图 1-8 所示为直流电和交流电的区分，大家可以自行判断哪些是直流电，哪些是交流电。

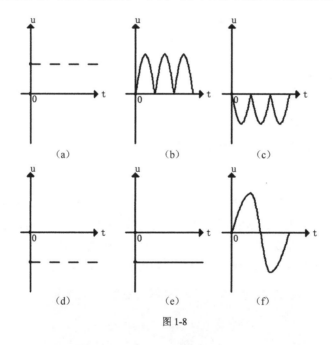

图 1-8

1.10 开路、断路、击穿、短路

1. 开路

开路是指电路的断开，包括电器设备因老化原因导致的断裂、主板因进水腐蚀导致的断线、主板被利器触碰导致的线路断开等情况。

2. 断路

断路一般是指电路中的某个地方断开，断路容易和短路混淆，因此，如果电路有断路处，一般说开路而不说断路。

3. 击穿

击穿是指一个电子元器件由于某种原因导致的彻底损坏，击穿往往是指二极管、晶体管或者场效应晶体管，如二极管正常情况下应该是正向导通，反向截止，但是如果一个比较高的电压到来，就会将其击穿，击穿后，无论电压是正向还是反向，它都会导通，这就是击穿现象。

4. 短路

短路和击穿的道理差不多，不过短路一般是指正负极的碰头，如火线和零线碰在一起打火，一般就会说短路了！再如一个芯片，它的供电端对地阻值为零，也说其供电端短路。

总之，开路等于断路，击穿等于短路。短路和断路容易混，因此一般只说开路和击穿，不说断路和短路，这里一定要仔细区别！

核心技术总结

本章重点讲解了电的基本知识，使读者对"电"有了更进一步的了解，这对以后深入学习电子电路以及芯片维修等，都会起到很重要的作用。

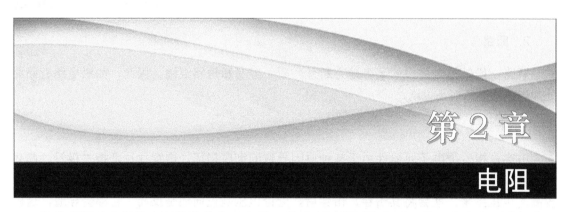

第 2 章

电阻

通常所说的电阻是电阻器的简称，它是一种被广泛使用的电子元件。本章主要讲解电阻的识别、特性、分类、测量、代换、串并联、分压、限流等基本知识。同时本章会引入欧姆定律和最基本的电路模型与电路结构分析。

2.1　电阻器介绍

电阻器是用来降低电压、限制电流的，并且拥有一定阻值的一种电子元器件，电阻器常简称为电阻。

电阻的作用，从电阻的定义可以看到，它主要有降低电压、限制电流的作用，也就是我们通常所说的分压和限流。

电阻器是基于电阻定律而制作的一种电子产品，如图 2-1（a）所示，一根具有一定阻值的导体，围绕一个绝缘体缠绕，然后用塑料封皮，就做成了一个电阻，如图 2-1（b）所示，通过调整导体的材料 ρ、调整长度 l，调整横截面积 S，就可以得到所需要阻值的电阻。其中，导线越粗，表示该导线可以承受的电流就越大，其功率也就越大。

（a）

（b）

图 2-1

电阻从自身结构上来分，可以分为固定电阻和可变电阻。固定电阻就是阻值固定的电阻，该电阻一旦出厂，在不考虑误差和损坏的情况下，它的阻值是固定的。可变电阻是阻值可以改变的电阻，一般用在需要调节电阻阻值大小的地方，如收音机的音量调节、数字电源的电压与电流调节等，可变电阻又称为电位器。

可变电阻的内部结构如图 2-2（a）所示，可以看到，AB 之间是一个固定阻值的电阻，也可以认为是一个固定电阻，通过滑动活动触头 K，用来截取接入电路中的导线的 l 值，从而实现电阻的可调，可以看到，滑动触头 K 在由左向右滑动的过程中，A、B 之间的电阻值将逐渐增大，反之，则逐渐减小。等效电路如图 2-2（b）所示。

固定电阻与可变电阻的实物如图 2-3 所示，电位器中间有个旋钮，可以通过调整旋钮的位置实现其电阻阻值变化，固定电阻就是一个成品电阻，它的阻值不可改变。

大型滑动可变电阻主要用在实验室中，它可以得到较大变化范围的电压，如图 2-4 所示，通过滑动中间的"黑头"实现滑动电阻器阻值的变化。一般在电子产品中用不到这么大的可变电阻，并且庞大的体积也无法安装。

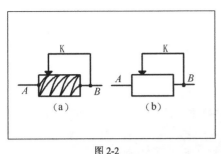

图 2-2

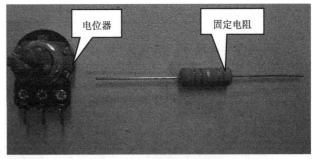

图 2-3

电子电路中常见的可变电阻如图 2-5 所示，可以看到，它有多种规格和样式，但原理都是一样的，都是通过调节相应的旋钮来实现其自身阻值的变化，之所以会有多种外形的可变电阻，是因为其功率、电流、厂家设计、安装位置的不同，以及不同的电路中对其体形的要求不同。

图 2-4

图 2-5

2.2　电阻的分类

电阻的分类方法有很多种，本节主要从体形和功能上来对其进行分类，目的是识别形形色色的电阻及了解它们不同的功能。

电阻从体形上来分，主要有直插电阻、贴片电阻、排阻等，直插电阻一般应用在大功率、大电流的部分，如电源板上，这种电阻最多；贴片电阻和排阻主要用在精密电路板上，主要通过小电压、小电流信号，如电脑的主板上；其中贴片电阻是单个的电阻，排阻是多个电阻的集合，一般都是几个相同的电阻封装在一起。

电子产品维修中常见的各种电阻如图 2-6 所示，主要有普通直插电阻、压敏电阻、热敏电阻、贴片电阻、保险电阻、排阻等，另外还有零欧姆电阻、光敏电阻等其他不常用电阻。

1. 直插电阻

直插电阻是最普通、最常见的电阻，主要用在对电压和电流同时有一定要求的电路中。直插电阻由于体积比较大，因此在提供功率上具有一定的优势。

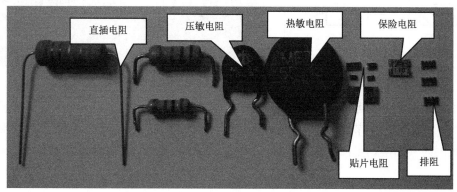

图 2-6

2. 压敏电阻

压敏电阻是对电压敏感的电阻，压敏电阻有两类，一类是正电压系数的压敏电阻，一类是负电压系数的压敏电阻。正电压系数的压敏电阻是随电压的升高其阻值变大，负电压系数的压敏电阻是随电压的升高其阻值变小。正电压系数的压敏电阻空载时电阻一般都比较小，负电压系数的压敏电阻空载时电阻一般都比较大。

压敏电阻的典型应用是在电源板的 220V 交流电输入处，如图 2-7 所示。当电源板长时间断电放置不用时，由于整流桥后的 450V 电容 C_1 严重缺电，在 AB 两点瞬间接入 220V 交流电时，会有一股很大的电流冲击整流桥从而导致其电路损坏，如果在该电路中安装一只负温度系数的压敏电阻，就可以对电源起到一定的保护作用。

保护原理：由于 RV 是负温度系数的压敏电阻，因此未上电前，它具有一定的阻值，当 220V 瞬间来临时，由于压敏电阻阻值的存在，会减弱整个电路中电流的冲击。随着电压的升高，压敏电阻的阻值又迅速减小，最后相当于一根导线，对电路无任何影响，只是每次重新启动的时候会缓冲一下，因此，它在这里可以起到很好的缓冲保护作用。

压敏电阻在实际电路中的位置一般都在电源接口附近，在整板的 220V 交流电输入保险丝附近就能找到它，图 2-8 中的压敏电阻被一个塑料体包围，这样做的原因是防止其炸裂。

3. 热敏电阻

热敏电阻是对热敏感元件的一类，按照温度系数不同可分为正温度系数热敏电阻（PTC）和负温度系数热敏电阻（NTC）。热敏电阻的典型特点是对温度敏感，不同的温度下表现出不同的电阻值。正温度系数热敏电阻（PTC）在温度越高时电阻值越大，负温度系数热敏电阻（NTC）在温度越高时电阻值越低。

热敏电阻的典型应用是笔记本电脑的温控电路，现在很多新款台式机也在用，在主板 CPU 等核心位置放置热敏电阻，通过热敏电阻因温度变化而反馈回来的电阻值的不同来判断被监控部件的温度情况，极端情况下还可以断电保护。

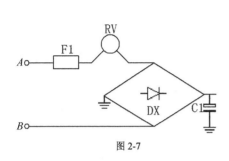

图 2-7

图 2-8

4. 贴片电阻

贴片电阻就是普通电阻的一种缩小形态，主要用于电压和电流都不大的信号部分，如主板的信号传输，在对功率没有要求或者要求不高的情况下，就可以采用这种电阻。采用贴片电阻电路板的体积可以做的很小。

5. 保险电阻

保险电阻在正常情况下具有普通电阻的功能，一旦电路出现故障，超过其额定电流时，它会在规定时间内断开电路，从而达到保护其他元器件的作用。保险电阻分为不可修复型和可修复型两种。

保险电阻用符号"F"表示，一般用在供电电路中，此电阻的特性是阻值小，只有几欧姆，超过额定电流时就会烧坏，在电路中起到保护作用。

保险电阻有直插式和贴片式两种，直插式和普通电阻的样子差不多，贴片式和贴片电阻的样子差不多，仔细区分，它们和各自对应的普通电阻还是有区别的，图 2-9 所示为直插式保险电阻实物图。

贴片式保险电阻一般用在电流不是很大的地方，图 2-10 所示为主板键盘、鼠标接口附近的两个贴片保险电阻，它主要为 USB 口的 5V 电压提供限流保护作用，因此，当键盘、鼠标不能用时，应首先检查它们有没有损坏。

图 2-9

图 2-10

6. 排阻

排阻是由多个电阻按一定的规则集中在一起，实现某个电路中需要多个这类相同电阻的目的。排阻对面两个脚一般连接的是内部的其中 1 个电阻，也有其他特殊连接的方式，具体可看排阻的说明书。没有方向标记的排阻一般不需要按方向安装，有方向标记的排阻一定要按正确的方向安装。排阻的实物如图 2-11 所示。

7. 零欧姆电阻

零欧姆电阻指阻值为零的电阻。电路板在设计中两点不能用印制电路连接，常在正面用跨线连接，这在普通电路板中经常看到。为了让自动贴片机和自动插件机正常工作，一般会用零欧姆电阻代替跨线，很多人认为零欧姆电阻和保险电阻一样，其实这是错误的，零欧姆电阻不具备保险电阻的保险功能。

电阻体上标有 "0" 字样的，一般就是零欧姆电阻，电路板上的零欧姆电阻如图 2-12 中的 PR54、PR66 所示。

图 2-11 图 2-12

8. 光敏电阻

光敏电阻在遇到光照时其自身电阻可以变化，通常是遇光时电阻变小。如果做一个元件，把光敏电阻接入元件中，同时加入一只发光二极管，当有光照时，由于光敏电阻的阻值改变，可以用来输出信号去控制相关电路。光敏电阻最常见的应用就是光电耦合器，光电耦合器的工作原理如图 2-13 所示。

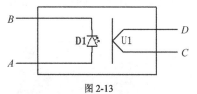

图 2-13

A、B 是直流电压输入端，C、D 是光敏输出端，U1 是光敏管，D1 是发光二极管，D1 和 U1 做在一个密闭的材料里，当 A、B 之间没有电压加上时，发光二极管不发光，此时光敏接收器 U1 呈现一种 "高阻" 特性；当 A、B 之间有电压加入时，发光二极管 D1 发光，光敏接收器 U1 阻值减小，并且 A、B 之间的电压差越大，D1 发光就越强，U1 的阻值就越小，利用这个原理，可以通过 C、D 之间输出的电阻值的大小用来判断 A、B 端电压差的高低，从而实现信号之间变化量的隔离传输。

利用光敏电阻做成的光电耦合器主要用在电源板的热电和冷电之间（关于热电和冷电，以后会详细讲到），因热电和冷电之间不能直接接触，因此冷电部分的电压变化要通过光导的形式传输给热电方，以用来调整稳定的输出电压。

光电耦合器在电路板中的实物如图 2-14 所示，这个电路中分别使用了 3 只光电耦合器来检测不同测试点的电压，它们共同跨越了一条黑色的分离线，这条分离线就是热电和冷电的冷热隔离线，从而实现冷电、热电之间信号的隔离传输。

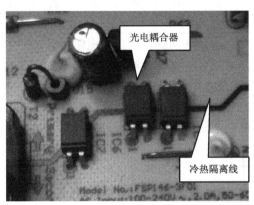

图 2-14

2.3 电阻阻值的标识方法

电阻阻值的标识方法主要有直标法、色环标法、三位数标法 3 种，其中精密电阻还有数字+字母的标识方法，有些体积特别小的贴片电阻，可能没有任何标识，那就只能查电路图、测量再代换了。

熟练掌握电阻阻值的标识方法是很重要的，因为电阻是电子产品中用的最多的一种元器件，它损坏的可能性也比较大，它损坏后，需要维修人员能够迅速地识别它的参数。

2.3.1　直标法

直标法是指直接在电阻体上标出其阻值，如图 2-15 所示，可以直观地看出，这个电阻的阻值是 0.47Ω。再如图 2-16 所示的电阻，可以看到，这个电阻的阻值是 100kΩ。采用直标法的电阻一般都是功率比较大的电阻，功率大要求其体积大，体积大才有空间在上面刻上阻值，实现直标法。

图 2-15

图 2-16

2.3.2 色环标法

色环标法是指在电阻体上用颜色环的形式表示其阻值。在学习色环标法之前，首先需要了解颜色和数字的对应关系，见表2-1。

表2-1 色环电阻颜色与数字的对应关系

颜色	棕	红	橙	黄	绿	蓝	紫	灰	白	黑	金	银
数字	1	2	3	4	5	6	7	8	9	10	0.1	0.01

常见色环电阻有四色环和五色环两种。四色环电阻用在一般电器上，五色环电阻用在精密电子电器上。对于四色环电阻，前3环为有效读数，第4环为误差环；有效读数的前两环代表基数，第3环代表基数应乘的10的倍数。

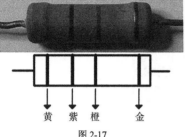

图2-17

如图2-17所示，该电阻的颜色环为黄、紫、橙、金，很明显金色环离其他几环较远，为误差环。除了金色环以外，其他3环为有效读数，有效读数的前2环为基数，结合表2-1，为47，第3环橙色代表3，是前2环应乘的10的倍数，该电阻阻值为 $47×10^3$ =47000Ω=47kΩ。

有时候，色环电阻的几环之间的距离差不多远，并没有明显的某一环离其他几环较远，此时就很难判断哪个是第1环，这里有个小技巧，那就是金、银色一般不会是第1环，第1环常见的就是前5种颜色。

图2-18所示的四色环电阻为一种特殊的四色环电阻，它的特殊之处在于第3个倍数环为银色。这里需要说明一下，如果倍数环颜色是金，该电阻阻值的读数即用基数去乘以0.1，如果倍数环颜色是银，则该电阻阻值的读数即用基数乘以0.01，如图2-18所示，它的阻值读数为22×0.01=0.22Ω，该电阻一般用在电流检测电路中。

对于五色环电阻，前4环为有效读数，第5环为误差环；有效读数的前3环代表基数，第4环代表基数应乘的倍数。其计算方法与四色环一样，这里不再举例，图2-19所示为一款5色环电阻的实物。

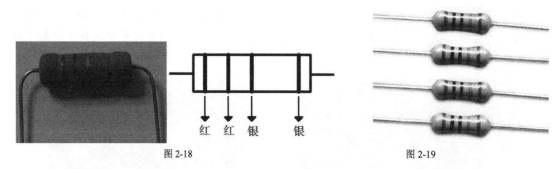

红 红 银 银

图2-18　　　　　　　　图2-19

绝大多数色环电阻都是遵循以上标识方法，也有部分小厂生产的电阻颜色环标识比较混乱，可能不符合以上标准，需另当别论。

2.3.3 三位数标法

三位数标法是指在电阻体上标有 3 个数字，这种标法常用于体积较小的贴片电阻，如图 2-20 中的 R230，它上面标有"103"。

103 的含义：前 2 位 10 代表基数，第 3 位 3 代表前 2 位应乘以 10 的倍数，这个电阻的阻值计算方法是：$10 \times 10^3 = 10000\Omega = 10k\Omega$。

如图 2-21 所示的贴片电阻 PR55，它上面印有"100"字样，则代表它的阻值为：$10 \times 10^0 = 10\Omega$，一般体积越大的电阻，它的阻值反而越小。电阻体积大，只代表此处需要的功率大，该处放置的电阻功率大。

还有一种相对精密一些的贴片电阻，它的阻值的标识方法为数字加字母的表示方式，如图 2-22 中的 R115，其阻值是用"30A"表示的。这种标法与三位数标法不同，它的前两位并不代表数值，而是一个特定代码，此代码与数值之间的关系见表 2-2。采用这种标法的电阻并不是很多，最近几年来，新型机器上才开始出现这种电阻，并且阻值代码也比较复杂。如果想完全记住表中的内容，估计比较麻烦，因此建议了解一下即可。

图 2-20

图 2-21

图 2-22

表 2-2　　　　　　　　　　　　　　　　电阻代码与数值之间的关系

代码	数值	代码	数值	代码	数值	代码	数值
01	100	02	102	03	105	04	107
05	110	06	113	07	115	08	118
09	121	10	124	11	127	12	130
13	133	14	137	15	140	16	143
17	147	18	150	19	154	20	158
21	162	22	165	23	169	24	174
25	178	26	182	27	187	28	191
29	196	30	200	31	205	32	210
33	215	34	221	35	226	36	232
37	237	38	243	39	249	40	255
41	261	42	267	43	274	44	280
45	287	46	294	47	301	48	309
49	316	50	324	51	332	52	340
53	348	54	357	55	365	56	374
57	383	58	392	59	402	60	412
61	422	62	432	63	442	64	453
65	464	66	475	67	487	68	499
69	511	70	523	71	536	72	549
73	562	74	576	75	590	76	604
77	619	78	634	79	649	80	665
81	681	82	698	83	715	84	732
85	750	86	768	87	787	88	806
89	825	90	845	91	866	92	887
93	909	94	931	95	953	96	976

第三位用字母表示有效数字后所乘的 10 的倍数，各种字母与倍率之间的对应关系见表2-3。

表 2-3　　　　　　　　　　　　　　　　电阻代码字母与倍率之间的关系

代码字母	A	B	C	D	E	F	G	H	X	Y	Z
倍　　率	10^0	10^1	10^2	10^3	10^4	10^5	10^6	10^7	10^{-1}	10^{-2}	10^{-3}

例如，图 2-22 中的 30A 电阻，表示的阻值为 $200×10^0 = 200\Omega$。

还有一些贴片电阻，由于体积过小，表面没有任何标识，如图 2-23 所示。这种电阻的判断及测量则只能通过看电路图进行分析和判断。

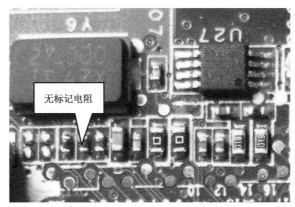

图 2-23

2.4 电阻的串并联

电阻在电路中的连接方式主要有串联、并联和混联。本节主要介绍电阻串联、并联、混联的基本知识。重点讲解串联分压和并联分流，并引入电路模型与电路分析，旨在逐渐引导学员进入芯片级维修中的电路分析环节。

2.4.1 电阻串联

两个或多个电阻首尾相联，则构成了串联电路，如图 2-24 所示，R1 和 R2 串联，A、B 之间的等效电阻为 R1 和 R2 的电阻之和，即 80Ω，也就是说 R1 和 R2 串联起来与 A、B 之间加入一个 80Ω的电阻是完全一样的效果，这就是等效。

图 2-24

如果是 3 个或者多个电阻串联，就继续累加，串联电路中的总电阻，等于各个被串联的电阻阻值之和，即：R 总=R1+R2+R3+…+RX。

2.4.2 电阻并联

两个或多个电阻首尾分别相联，则构成了并联电路，如图 2-25 所示，R1 与 R2 首尾分别相联，它们之间构成了并联电路，A、B 之间的总电阻等于 R1 与 R2 并联后的总电阻。两个电阻并联，总电阻的计算公式是 R 总=（R1×R2）/（R1+R2），根据计算公式，图中 A、B 两点的等效电阻为 25Ω。

3 个或 3 个以上电阻并联如图 2-26 所示，图中 A、B 之间的总电阻等于 R1、R2、R3 这 3 个电阻的并联之和。可以先以 2 个电阻并联，计算出其等效电阻，再与另一个电阻并联从而进一步计算 3 个或 3 个以上电阻并联，其总电阻的计算公式为：1/R 总=1/R1+1/R2+1/R3+…+1/RX，通过计算，可以得到 A、B 之间的等效电阻为 8Ω，需要注意的是，3 个或 3 个以上电阻并联，其阻值的计算方法和 2 个电阻并联所用的公式不一样。

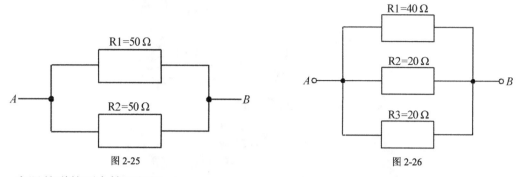

图 2-25   图 2-26

电阻并联的两个技巧知识。

- 如果两个阻值完全一样的电阻并联，那么总阻值是其中一个的 1/2。
- 并联电路的总电阻，一定小于被并联的电阻中的最小那个。

2.4.3 电阻混联

顾名思义，电阻混联就是并联和串联同时存在于同一个电路中，在分析并联和串联之前，要先进行电阻的等效简化。所谓等效简化，就是 2 个或多个电阻简化后，要和原来多个电阻时完全等效，否则不可以简化。

如图 2-27（a）所示，可以分析一下，该电路中 R1 与 R2 并联后又与 R3 串联，因此，它属于混联电路，R1 和 R2 并联，每个阻值是 20Ω。根据并联公式，完全可以用 1 个 10Ω 的电阻来替换 R1、R2 的并联，因此电路就可以简化成图 2-27（b）所示，很明显，它被简化成了 2 个电阻并联，可以很轻松地得到 A、B 之间的总阻值为 60Ω。

根据这个思路，大家计算一下图 2-28 中的混联电路 A、B 之间的总阻值是多少？

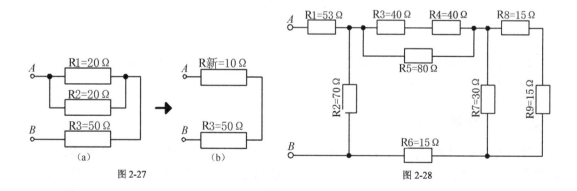

图 2-27   图 2-28

2.5 电阻串并联后的电路分析

电阻串并联后的电路分析主要包括电路中电压、电流、电阻的关系，本节将引入电子学里最基本的定律——欧姆定律，并详细介绍电阻串并联后电路中电压与电流的关系，同时引入串联分压、并联分流的原理。

2.5.1 欧姆定律

在同一电路中，通过导体的电流跟导体两端的电压成正比，跟导体的电阻阻值成反比，这就是欧姆定律，基本公式是 $I=U/R$。欧姆定律由乔治·西蒙·欧姆提出，为了纪念他对电磁学的贡献，物理学界将电阻的单位命名为欧姆，以符号"Ω"表示。

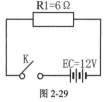

图 2-29

如图 2-29 所示，EC=12V，R1=6Ω，当开关 K 闭合时，根据欧姆定律，流过整个电路中的电流 I=2A，如果我们将电压提高到 24V，则 I=4A。

2.5.2 电阻串联后的电路分析

"串联分压，并联分流"，这 8 个字是对电阻串并联最好的总结，接下来一一分析研究。如图 2-30 所示，电源 EC=12V，开关 K，整个电路中串联一只电流表 A1，电阻 R1=2Ω，电阻 R2=6Ω，电阻 R3=4Ω，R1 两端的电压差用电压表 V1 测量，R2 两端的电压差用电压表 V2 测量，R3 两端的电压差用电压表 V3 测量，该电路中，定义 4 个点，其中 R1 左端的 A 点，R1 和 R2 接头处的 B 点，R2 和 R3 接头处的 C 点，R3 后面的 D 点，可以看到，A 点对地的电压（一般说某个点的电压，就是指的某个点对地的电压）等于电源的正极电压，也就是 12V，D 点的对地电压等于电源的负极，也就是 0V。

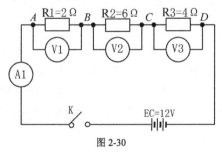

图 2-30

电路分析：当开关 K 闭合时，一股电流将由电源的正极出发，经过开关 K，经过电流表 A1，经过串联的电阻 R1、R2、R3 流向电源的负极。根据电阻串联的计算方法，可以得到该电路中的总电阻 R 总 =12Ω，电源 EC=12V，结合欧姆定律，该电路中的电流 $I=U/R$=1A。串联电路中，电流处处相等，也就是说，流过电阻 R1 的电流等于流过电阻 R2 的电流，等于流过电阻 R3 的电流，也等于整个电路中的电流。

根据欧姆定律及以上分析，可以计算出电阻 R1 两端的电压 V1=2V，也就说 R1 所消耗的压降，其两端的电压差等于 2V，电阻 R2 两端的电压 V2 等于 6V，电阻 R3 两端的电压 V3 等于 4V。由此可见，电源电压每经过一个电阻，电压都要降低一部分，具体降低多少，要看该电阻的阻值和电路中的电流，阻值越大、电流越大，压降也就相对越大。

接下来再分析一下电路中 A、B、C、D 四个点的电压，也就是它们的对地电压，A 点电压等于电源电压 12V；D 点电压等于地线 0V；B 点的电压等于 12V 减去 R1 消耗的电压，也就是 10V；C 点的电压等于 R1 和 R2 同时消耗的电压，也就是 4V。大家可以自己分析一下。

12V 由电源正极出发，每流过一个电阻，都会降低一部分电压，它降低的电压正是该电阻所消耗的电压，直到经过最后一个电阻，将电压完全消耗完毕，等于电源的负极 0V。

根据以上学习做一个电路分析，如图 2-31 所示，电源 EC，开关 K，电阻 R1、可调电阻 RX，电阻 R2，电路中定义 A、B 两点，这里的电源、电阻、可调电阻等均未知其值大小，当可调电阻由左向右的调整过程中，A 点对地电压升高还是降低？B 点对地电压升高还是降低？请大家自行分析。

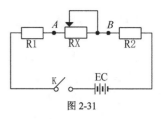

图 2-31

串联电路总结如下。

- 串联电路中，电流处处相等，流过每个电阻的电流等于流过整个电路的电流。
- 串联电路中，每经过一个电阻，电压都会降低一部分，直到降为 0V 回到电源负极。
- 电阻分压最少需要 2 个或者 2 个以上的电阻，1 个电阻无法分压。

2.5.3　电阻并联后的电路分析

还是采用串联电路中的那几个电阻，将其改成并联电路，如图 2-32 所示，电源 EC=12V，电阻 R1=2Ω、电阻 R2=6Ω、电阻 R3=4Ω，流过 R1 的电流用 A1 测量，流过 R2

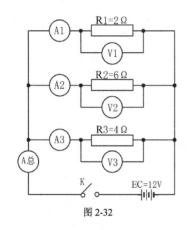

图 2-32

的电流用 A2 测量，流过 R3 的电流用 A3 测量，流过整个电路的电流用 A 总测量，R1 两端的电压用 V1 测量，R2 两端的电压用 V2 测量，R3 两端的电压用 V3 测量。

当开关 K 闭合时，由于 R1、R2、R3 同时接入电源正、负极，因此，可以想一下，R1 两端的电压 U1、R2 两端的电压 U2、R3 两端的电压 U3 都等于电源电压 12V，根据欧姆定律可以轻松得出，流过 R1 的电流等于 6A，流过 R2 的电流等于 2A，流过 R3 的电流等于 3A，R1、R2、R3 并联后的总阻值等于 12/11Ω，结合欧姆定律，可以计算出整个电路中的电流 A 总=11A，而流过 R1、R2、R3 的电流之和也是 11A，相互吻合。

并联电路总结如下。

- 并联电路中，每个被并联元件两端的电压都相等。
- 并联电路中，流过整个电路的电流等于流过各个支路的电流之和。
- 并联只分总电路中的电流，不分电压。

2.6 节点分压原理

节点分压不同于一般的串联和并联，从电阻的结构上来讲，它既有并联又有串联，从电压源头上来讲，它有双路或者多路供电，而不是单一的供电端。本节将从维修实用的角度出发，给大家介绍一下。

在学习节点分压之前，必须先了解一个定律，那就是基尔霍夫定律。基尔霍夫定律是德国物理学家基尔霍夫提出的，基尔霍夫定律是电路理论中最基本也是最重要的定律之一，它概括了电路中电流和电压分别遵循的基本规律。

具体内容：对电路中的某一节点而言，流入该节点的电流等于流出该节点的电流，也就是说流入该节点的电流与流出该节点的电流之和为 0。

以图 2-33 所示的电路模型为例，来分析一下它的工作过程。电路介绍：V1 为 12V 输入，V2 为 5V 输入，电阻 R1=15Ω，R2=10Ω，R3=20Ω，试求一下 V3 点的电压是多少？

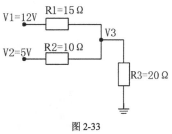

图 2-33

分析电路，根据基尔霍夫定律，以 V3 点为节点，V1 通过 R1 流入的电流加上 V2 通过 R2 流入的电流等于 V3 节点流出进入 R3 的电流，因此假设 V3 的电压为 X，则可以列出以下方程：(V1−X)/R1+（V2−X）/R2=X/R3，这里我们在视频讲解中重点讲一下它的原理，大家先看一下，V3 点的电压你能算出来吗？答案将在课堂中公布。

2.7 电阻的测量与代换

电阻的测量及判断它的好坏，需要用到万用表，万用表也是维修中必需的维修工具之一，本节主要介绍万用表的基本知识，详细介绍万用表测量电阻的方法以及各种不同类型电阻的测试方法与技巧。

2.7.1 万用表

万用表从字面意思可以看出它的用处非常多，万用表可以说是维修行业的必需工具之一。各种万用表的实物如图 2-34 所示。

图 2-34

万用表并不是真的有一万个用途，只是用处比较多而已，一些老的维修工，也有称"万用表"为"三用表"的，也就是说，万用表的主要功能只有三部分，那就是测量电阻、电压和电流，下面就先学习它的电阻测量功能。

　　首先，认识一下万用表的各部分组成。如图 2-35 所示，万用表主要由液晶屏、电源开关、暂停键、背光开关、挡位旋扭、接线柱接口等几部分组成。

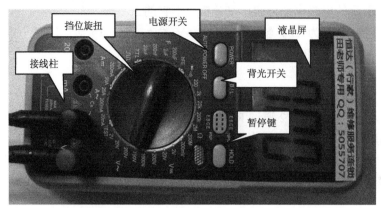

图 2-35

　　万用表的接线柱接口如图 2-36 所示，可以看到，VΩ接口为正接线柱输入，也就是红表笔，COM 接口为负接线柱输入，也就是黑表笔，mA 和 20A 接口是测量大电流时使用的，使用时根据被测电流的大小，把黑表笔调到对应的插孔内，红表笔不动，mA 和 COM 之间还有"CXX"标志，这是测量电容的插口，表示测量电容时黑表笔需要调至该插孔内，红表笔仍然不动。

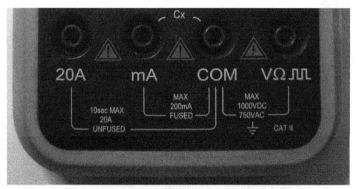

图 2-36

　　挡位旋转开关如图 2-37 所示，它主要包含 V== 区域，代表直流电压测量；V～区域，代表交流电电压测量；Ω区域，代表电阻值测量；F 区域，代表电容值测量；A== 区域，代表直流电电流测量；A～区域，代表交流电电流测量；二极管标志，代表蜂鸣挡；EBCE 区域，代表三极管的放大倍数测量。

　　万用表出厂时，其表笔线一般比较短，优质万用表的线会比较长，如果遇到表笔线短的，尽量换成长线，因为表笔线太短的话测试起来很不方便。另外，万用表的表笔针出厂时一般都比较粗，测量时很容易短路打火，建议在表笔上接两根针，然后用热缩管套住以防止其松动，改装后的效果如图 2-38 所示。

　　关于万用表其他功能的详细介绍，后续会一一涉及，接下来将重点介绍一下和本节内容有关的使用万用表测量电阻阻值的方法。

图 2-37

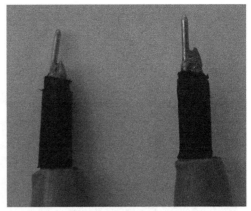

图 2-38

2.7.2 普通电阻的测量

第一步：测量电阻前，电路一定是断电状态！带电测量电阻会直接烧坏万用表，切记！并且，如果有条件的话，最好对电路被测量的部分放下电，以防止有充电的电容存在，导致烧坏万用表，放电方法是将被测点对地短接。

第二步：根据电阻阻值的标识方式估计出被测电阻阻值的大小，然后选择比被测电阻阻值稍大一点的量程，否则测试不到或者不准确。

第三步：将电阻从电路中断开一条腿或者完全取下来进行测量，在路测量不准，因为在路测量会受到其他元件并联的影响。这里有个测量技巧，如果在路测量某个电阻，实际阻值比标称阻值大，则该电阻一定损坏！比如有个电阻，标记 10k，若在路测量 50k，则电阻必损坏！

第四步：测量电阻时，最好将其放于桌面，或单手捏住，不要两个手同时捏住电阻两端，这样人体和电阻将形成并联，结果导致测量误差，两手捏住，测量的结果会偏小，大家可以做下试验。

第五步：将测量结果和电阻阻值标称进行对比，如果差别不大，则可以认为是好的，因为电阻本身就有误差，所以不可能测量结果和标称值完全一样，一般不大于 10%可认为是正常（精密电路部分除外）。

图 2-39

[举例说明]：有一电阻如图 2-39 所示，要测量一下它的阻值并判断其好坏。可以看到，它阻值的标识方法为直标法，可以直接看到它的阻值是 100kΩ。

此时用万用表测量时，首先应选择电阻测量范围挡，也就是"Ω"档，如图 2-40 所示。另外，根据其标称电阻 100kΩ，我们应选择 200k 挡，选挡时，应选比其实际阻值稍微大一点的挡就可以，选的太大和太小都无法准确测量或者直接测量不到。

实际测量结果如图 2-41 所示，可以看到，100kΩ 的电阻，实际测得的阻值结果为 100.4kΩ，这个电阻可以认为是正常的。一般情况下，电阻实际测量的阻值都会比其标称的阻值稍大一点，这是电阻的特性，电阻在使用一段时间后，阻值只可以变大，不会变小。

图 2-40

图 2-41

2.7.3 功能电阻的测量

1. 压敏电阻的测量

压敏电阻由于要加电压后才能体现其特性，而加电压后又和带电不能测量电阻相矛盾，因此，压敏电阻不能直接判断其好坏，只能通过其他间接手段测试。如在压敏电阻电路中串联一只电流表，再在压敏电阻两端并联一电压表，如果通过改变电压的方式，使其阻值变化，同时会改变电流值，再根据欧姆定律间接获得其阻值的变化情况，则可以判断其好坏。

2. 热敏电阻的测量

热敏电阻的测量比较简单，用万用表先接好热敏电阻的两端，然后用热风枪给其加热，若阻值变化和温度变化呈现正常关系，则可认为是好的。

3. 贴片电阻的测量

贴片电阻和普通电阻的测量方法完全一样，只是它的存在形式和普通电阻不一样，其他无任何区别，测量方法可以参照普通电阻的测量。

4. 保险电阻的测量

保险电阻的好坏判断，一般可以用万用表的蜂鸣挡。通，一般就是好的；不通，一般就是坏的。

5. 排阻的测量

排阻在测量前，要先了解其内部电路构造，如果是单纯的几个电阻在里面排列，则可以用贴片电阻好坏的方法去判断；如果内部有特殊连接方式，则要先看内部结构，再结合贴片电阻阻值的测量方法进行。

6. 零欧姆电阻的测量

零欧姆电阻的测量方法和保险电阻一样。

7. 光敏电阻的测量

（1）用一黑纸片将光敏电阻的透光窗口遮住，此时测到的阻值应接近无穷大。此值越大说明光敏电阻性能越好；若此值很小或接近零，说明光敏电阻已击穿损坏，如果阻值既不为零，也不为无穷大，则说明其内部性能不良，以上情况均不能再继续使用。

（2）将一光源对准光敏电阻的透光窗口，此时万用表阻值应迅速减小。此值越小说明光敏电阻性能越好；若此值很大或者无穷大，则表明光敏电阻内部开路损坏，也不能再使用。

（3）将光敏电阻透光窗口对准入射光线，用小黑纸片在光敏电阻的遮光窗上部晃动，使其间断受光，此时万用表测得的阻值应随其变化。如果万用表读数不随纸片的晃动而变化，则说明该光敏电阻的光敏材料已损坏。

2.7.4　电阻的代换技巧

如果某个电阻已确定其损坏，最好的办法是找同样的去代换，如果实在找不到同样的，就要找最接近的去代换，其次还要考虑安装方便，在阻值和安装都允许的情况下，尽量找体积大、个头大的去代换，因为这样的电阻功率都比较大，功率大的可以代替功率小的，功率小的不能代替功率大的，否则装上就会烧掉。电阻是很常见的一种电子元件，任何一个电器设备上会有大量的电阻，遇到需要的电阻时，去坏电路板上拆件即可，一般都可以轻松找到合适的，所以平常要多收集换下的电路板。

核心技术总结

本章从维修实用的角度出发，讲解了电阻在电子产品维修中最实用的知识点，这对以后分析和了解电路，具有重要的作用，特别是串、并联后的电压和电流分析，是很重要的内容，学员下课后要多复习巩固。

第 3 章

电容

本章主要讲述电容器的识别、分类、用途、结构、性能、命名方法及选用常识等。电容也是各种电路板中最常见的一种电子元器件，它在电路中主要起滤波、耦合、旁路、谐振及能量转换和延时等作用，本章将从维修实用的角度出发，详细介绍它们。

3.1 电容的识别

电容是一种能够储存电荷的电子元器件，其功能简单来说就是可以存电。电容在电路中一般用"C"表示。

维修中常见的各种电容如图 3-1 所示，它们形状各异，不同的样式除了其材料和侧重的功能不同，还有就是厂家及对安装位置的要求不同。

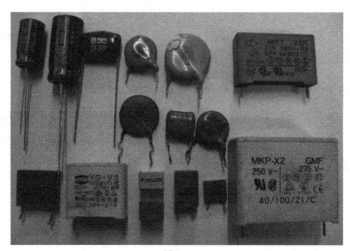

图 3-1

3.2 电容的分类

电容在电子学中会分为很多种，在实际维修中，从实用的角度出发，电容可以分为有极性和无极性两类，有极性就是指有正、负极之分的电容，无极性就是无正、负极之分的电容。电容还可以按材料来分类。

1. 电容按有无极性分类

（1）有极性电容

如图 3-2 所示，有极性电容见的最多的就是电解电容，因为它里面的介质含有电解液，因此而得名。对于新的电解电容，一般长腿为其正极，短腿为其负极，将电容旋转一圈，标有"+"一端对应的脚为正极，标有"–"一端对应的脚为负极。一定要注意，长腿为正，短腿为负的判断方法只适合于新电容，如果是一个旧电容，它的两个腿会一样长，或者一只新电容的长腿被人剪去变成了短腿，它仍然是正极，这些情况都要注意区分。

有极性的电容是绝对不允许装反的，装反后上电，短时间内电容就会爆炸，甚至会危害到维修人员，切记！

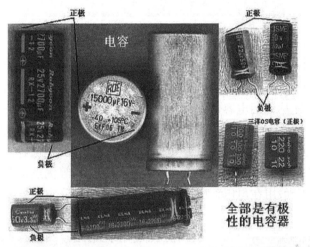

图 3-2

电解电容最多的损坏方式就是鼓包，因为它的内部含有电解液，电解液在高温下很容易干枯，一旦电解液干枯后，电容发热会变的很严重，时间长了，就会鼓包，容易鼓包的电容一般都离散热片很近，图 3-3 所示就是一个鼓包的电容。

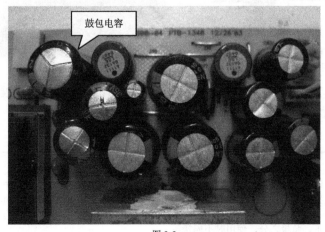

图 3-3

（2）无极性电容

无极性电容没有正、负极之分，这种电容在电路板上安装时不需要考虑正、负极，任意安装即可，并且在电容体上，也看不到正、负极的标识。图 3-4 所示就是一些无极性电容，这类电容颜色一般是米黄色或浅灰色，两端有银白色的焊点。

图 3-4

2. 按材料区分

电容如果按制作材料来分，也可以分为很多类，用的比较多的是铝电解电容和钽电解电容，铝电解电容一般简称为铝电容，铝电容是一种有极性的电容，在安装时正负极同样不得接反，在电容体上，通常在负极的引线上端会有一道黑线或者黑块，以防极性接错，和负极对应的一端为其正极，如图 3-5 所示。钽电解电容通常简称为钽电容，它也属于电解电容的一种，它具有寿命长、耐高温、准确度高、高频滤波性能好等优点，但是其价格昂贵，耐压和耐电流都比较低，一般用在电压、电流要求不是很高的电路中，主要起滤波作用。常见的钽电容如图 3-6 所示。

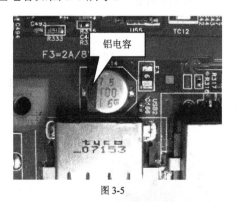

图 3-5

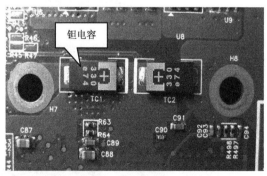

图 3-6

表 3-1 列举了各种常见电容的结构和特点，这些知识点主要用于扩展对各种材料做成的电容做进一步了解，不需要全部掌握。

表 3-1　　　　　　　　　　　常用电容的结构和特点

电 容 种 类	电容结构和特点
铝电解电容	由铝圆筒做负极，里面装有液体电解质，插入一片弯曲的铝带做正极制成，再经过直流电压处理，使正极片上形成一层氧化膜做介质。它的特点是容量大，但是漏电也大，误差较大，稳定性差，常用作交流旁路和直流滤波，在要求不高时也可用于信号耦合。电解电容有正、负极之分，使用时不能接反

续表

电容种类	电容结构和特点
纸介电容	用两片金属箔做电极，夹在极薄的电容纸中，卷成圆柱形或者扁柱形，然后密封在金属壳或者绝缘材料（如火漆、陶瓷、玻璃釉等）壳中制成。它的特点是体积较小，容量可以做得较大。但是固有电感和损耗都比较大，用于低频比较合适
金属化纸介电容	结构和纸介电容基本相同。它是在电容器纸上覆上一层金属膜来代替金属箔，体积小，容量较大，一般用在低频电路中
油浸纸介电容	把纸介电容浸在经过特别处理的油里，能增强它的耐压。它的特点是电容量大、耐压高、体积较大
陶瓷电容	用陶瓷做介质，在陶瓷基体两面喷涂银层，然后烧成银质薄膜做极板而制成。它的特点是体积小、耐热性好、损耗小、绝缘电阻高，但容量较小，适用于高频电路
	铁电陶瓷电容量较大，但是损耗和温度系数都高，适用于低频电路
薄膜电容	结构和纸介电容相同，介质是涤纶或聚苯乙烯。涤纶薄膜电容的介电常数较高、体积小、容量大、稳定性较好，适宜做旁路电容
	聚苯乙烯薄膜电容介质损耗小，绝缘电阻高，但是温度系数大，可用于高频电路
云母电容	在金属箔或云母片上喷涂银层做电极板，极板和云母一层一层叠合后，再压铸在胶木粉或封固在环氧树脂中制成。它的特点是介质损耗小、绝缘电阻大、温度系数小，适用于高频电路
钽、铌电解电容	用金属钽或铌做正极，用稀硫酸等配液做负极，用钽或铌表面生成的氧化膜做介质制成。它的特点是体积小、容量大、性能稳定、寿命长、绝缘电阻大、温度特性好，用在要求较高的设备中
半可变电容	也叫作微调电容，由两片或两组小型金属弹片，中间夹着介质制成。调节时可改变两片之间的距离或面积。其介质有空气、陶瓷、云母、薄膜等
可变电容	由一组定片和一组动片组成，其容量随着动片的转动可以连续改变。把两组可变电容装在一起同轴转动，叫作双连可变电容。可变电容的介质有空气和聚苯乙烯两种。空气介质可变电容体积大、损耗小，多用在电子管收音机中。聚苯乙烯介质做的可变电容做成密封式的，体积小，多用在晶体管收音机中

3.3 电容的参数

电容的参数指标主要有标称容量和允许误差、额定工作电压、绝缘电阻、介质损耗等，在实际维修中，一般只需要用到它的两个参数，那就是容量和耐压。

1. 电容的容量

电容容量的定义：电容两端的电压每升高 1V 需多存入的电量叫作容量。

如图 3-7 所示，电容 C1 和 C2 具有有不同的容量，当它们的电压都位于 2V 时，C1 中的电量为 X，C2 中的电量为 Y，当它们两端的电压上升到 3V 的时候，C1 多存入的电量为 X_1，C2 多存入的电量为 Y_1，很明显，Y_1 要比 X_1 大很多，所以 C2 的容量比 C1 大。

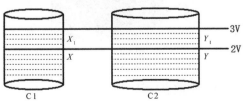

图 3-7

电容容量的单位是法拉，用字母"F"表示。法拉是一个比较大的单位，一般见不到法拉级的电容，一个法拉级的电容跟一个啤酒瓶差不多大小，常用的是比法拉小的 μF、nF 和 pF，它们之间的换算关系是：$1F=10^6\mu F$，$1\mu F=10^3 nF$，$1nF=10^3 pF$，这里需要注意的是，F 和 μF 之间是 10^6 关系，其他都是 10^3 关系。

2．电容的耐压

耐压是指电容允许工作的最高电压，超过该电压电容就会损坏，严重时可能爆炸。所以选择电容时，尽量选择耐压高一点的。电容耐压值一般是其正常工作电压值的 2 倍，比如液晶显示器 12V 电源的滤波电容，一般会选择耐压值为 25V 的电容。

3.4　电容参数的标识方法

电容参数的标识方法主要有 3 种，分别是直标法、三位数标法和小数点标法。

1．直标法

直标法是指直接在电容体上标出它的耐压和容量，如图 3-8 所示，可以看到，这是一个耐压值为 450V、容量为 150μF 的电容。直标法适合体积比较大的电容，一般是有极性的电解电容，只有体积大才有可能将这些参数印刷在上面。

2．三位数标法

三位数标法是指在电容体上用一个 3 位数来表示它的容量，如图 3-9 所示，电容体上标有 124，意思是该电容容量为 $1.2\times10^5=120000$，它的单位是 pF，也就是 120000pF=120nF，124 后面的"J"代表其误差，这个不需要考虑，后面的"250"代表耐压值是 250V，其他的标识就没什么用处了。一定要注意，三位数标法的电容，它的单位统一是 pF 法，采用这种标法的电容一般是无极性电容。

图 3-8

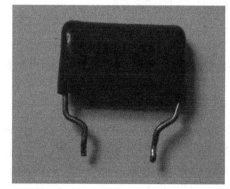

图 3-9

3．小数点标法

小数点标法是指在电容体上用小数点数字的形式标识其参数，采用这种标法的电容一般是容量较小的电容，如图 3-10 所示，0.15 代表它的容量是 0.15μF，容量标值后面的 "Ⅱ" 代表其误差级别，"630V" 代表其耐压值是 630V。另外需要注意，小数点标法的电容，它的单位一律是 μF。

需要注意，电子产品实际维修中，没有标耐压值的电容，其耐压值一般是 50V。

还有一些电容，由于体积过小，电容体上并没有任何标识，如图 3-11 所示，这类电容的测量及代换则要通过其所应用的电子产品的电路图来判断。

图 3-10

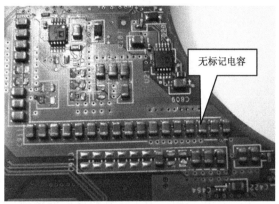

无标记电容

图 3-11

3.5 电容的作用

电容也是电子产品中最常见的电子元件之一。电容的作用有很多，主要包括滤波、耦合、储能、谐振、延时等作用，其中用的最多的是滤波功能。

1. 滤波

滤波主要是用来滤除电源中的干扰，也就是通常所说的电压不稳。电容滤波原理如图 3-12 所示，图 3-12（a）所示为 12V 直流电源的时间与电压坐标图，图 3-12（b）所示为对 12V 进行滤波的两个容量完全不同的滤波电容，图 3-12（c）所示为 12V 直流电经过电容 C1 滤波后的效果图，图 3-12（d）所示为 12V 直流电经过电容 C2 滤波后的效果图。

原理分析：当电源电压稳定不动时，滤波电容在这里几乎没什么作用，当电源电压瞬间升高时，如 12V 升到 15V，以电容 C1 为例，其电压值也要相应升高。但电容两端的电压要升高，需要多存入很多的电量，在存入电量使电压逐渐升高的过程中，由于此时电压瞬间升高只是个脉冲波，它的时间很短，所以电容两端的电压还没有来的及从 12V 升高到 15V，而电源部分的电压又降回了 12V，因此，在 C1 电容上的电压刚刚升高了一点点（如升高到 12.1V）又被变成正常的 12V，它在这里就起到了一定的滤波作用。而由于 C2 的容量比 C1 大很多，因此它电压每升高 1V 需要多存入比 C1 电压每升高 1V 更多的电荷，因此，同样的一个脉冲，在 C2 上表现出来的电压变化就会更小，这就是它的滤波原理。电压降低也是同样的原理，大家可以自行分析一下，图 3-12（a）的电压经过电容 C1 滤波后，电压曲线如图 3-12（c）所示，图 3-12（a）的电压经过电容 C2 滤波后，电压曲线如图 3-12（d）所示。

电容滤波原理可以想象成汽车的减震，小电容滤波就是普通的减震，大电容滤波就是高级减震。拖拉机和宝马的减震是不一样的。从滤波的角度上来分析，电容越大、越多越好。

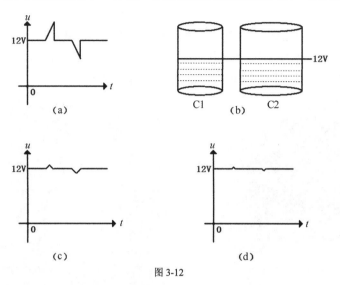

图 3-12

在一个电路中，为了达到较好的滤波效果，一般都会并装很多电容，台式机主板 CPU 旁边就有很多这样的电容，如图 3-13 所示。

图 3-13

2. 耦合

电容耦合的作用是将交流信号从前一级传到下一级。耦合的方法还有直接耦合和变压器耦合两种。直接耦合效率最高，信号又不失真，但是，前后两级的工作点的调整复杂，相互牵连。为了不使后一级的工作点受前一级的影响，必须在直流方面把前一级和后一级分开。同时，又能使交流信号顺利地从前一级传给后一级，同时能完成这一任务的方法就是采用电容传输或变压器传输来实现。它们都能传递交流信号同时隔断直流，使前后级的工作点互不牵连。但不同的是，用电容传输时，信号的相位要延迟一些，用变压器传输时，信号的高频成分要损失一些。一般情况下，小信号传输时，常用电容作为耦合元件，大信号或强信号的传输，常用变压器作耦合元件。

3. 储能

电容的储能应用最多的就是照相机的闪光灯电路，在照相机内安装一个容量足够大的电容，然后将其充满电，在拍照的瞬间，将其放电，就会得到一个很高的能量，来驱动闪光灯的灯泡，使其发出强光，以达到背光补偿的作用。

4. 谐振

电容的谐振作用是指它在与电感构成的 LC 并联谐振回路中所起到的关键性的作用。其振荡频率由电容的电容值与电感的感抗值通过相应的计算公式得到。当一个电容和一个电感组成在一起的时候，通过调整它们的参数，可以得到一个谐振电路，用来选通信号。

5. 延时

电容延时最常见的电路就是复位电路，当一个电压经过一个电阻连接一个延时电容后，送往一个特定的电路复位脚时，由于电容充电需要时间，因此该电压到来后会有一定的延时才送到芯片，从而实现在芯片上电的瞬间，该脚保持一个低电平，从而得到了复位信号的作用。

3.6 电容的测量及好坏判断

电容的测量及好坏判断，同样也用到万用表，万用表测试电容需要有两个步骤，第一，首先要将挡位开关拨到电容挡区内，一般是"F"标志的区域，第二，万用表的红、黑表笔一般是不能直接测试电容的，测试电容有专用的插孔。一般情况下，万用表测电容有两种方式，第一种方式是通过专用的电容测量插孔，如图 3-14 所示，CX 插孔就是专门用来测试电容的地方。第二种方式是调换表笔线，如图 3-15 所示，CX 之间代表测试电容时，需要将红表笔调过去，也就是说，红、黑表笔接中间两个孔，这样当选好电容测试挡位后，就可以直接用表笔线测试了。

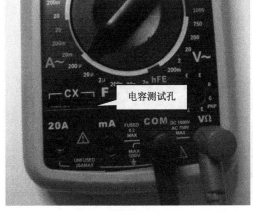

图 3-14

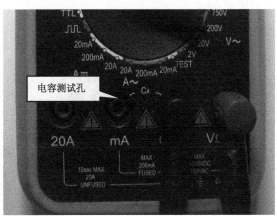

图 3-15

以一个电容为例，详细介绍一下这两种测试方法的具体操作步骤。如图 3-16 所示，选一个标称容量为 0.15μF、标称耐压为 630V 的无极性电容，主要测试它的容量，具体操作步骤如下。

第一步：电容测试容量前，一定要先对其进行放电以防止损坏万用表，容量不大的电容可以直接短一下正负极，容量大的电容，两脚之间需要加电阻放电。

第二步：选择挡位区间及量程。要测量电容，首先要选测试电容的挡位区间，然后再选量程，量程应选择比其实际标称容量稍大一个的挡位，量程过大或者过小都会导致测量不准确或者直接测量不到。因被测电容标称容量为 0.15μF，因此，需要选择 2μF 量程的挡位，如图 3-17 所示。注意挡位开关要选择在电容测量的"F"范围内，要选择最大量程比被测电容标称容量稍大一点的挡位，要调对表笔线使其能正常测试电容。

图 3-16

图 3-17

经过实际测量，这个标称容量为 0.15μF 的电容，其实际容量为 0.143μF，如图 3-18 所示，实际测量结果已非常接近标称值，因此，可以判断它是好的。

接下来，再用另一块万用表重新测量它的容量，另一块万用表，测量电容的方法是将电容插到其自带的电容测试插孔内，如图 3-19 所示，它测得的该电容的容量是 0.12μF，由于这块万用表的档次比上面那块稍微差了一些，它的误差偏高，但也可认为是正常的，电容如果损坏到使电路不能正常工作，一般容量都会低于其标称的 1/2 以上。

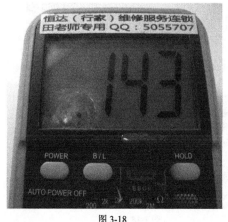
图 3-18

图 3-19

3.7 电容的代换

电容的代换原则主要有以下两点。

耐压值不低于原来电容：耐压值是电容很重要的一个参数指标，耐压值选得低，不只是电路无法正常工作，严重时很有可能会使电容直接爆炸，所以，电容代换时，耐压值一定等于或者大于原来的电容耐压值。

容量和原来电容接近：如果不是对电容的容量要求特别高的场合，一般选差不多的就可以，特别是用于滤波电路的电容，有一样的尽量选一样的，实在没有一样的就选接近的。如果是振荡电路中的电容，则要选择完全一样的容量，否则会影响电路的振荡频率。

几点需要注意的地方

根据电容的特点，它损坏后，容量一般只会降低，不会升高。

数字万用表测试电容的最大量程为 $200\mu F$，容量太大的测试不了。

大于 $200\mu F$ 的电容测量，需要用指针万用表测其充放电特性。由于指针万用表用的很少，这里不再讲述，感兴趣的同学可以课下学习。

核心技术总结

本章从维修实用的角度出发，重点讲解了电容的基本知识。电容也是各种电器中用的比较多的元器件之一，电容比较简单，没有太多的理论分析，只需要掌握它的主要用途与参数，了解其好坏的判断，掌握其代换的原则即可。

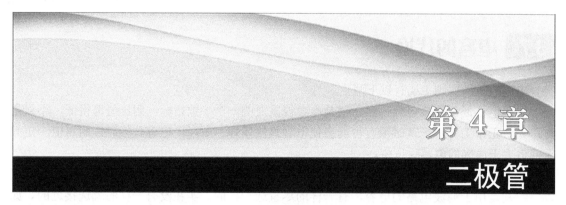

第 4 章
二极管

　　本章从维修实用的角度出发，主要讲述二极管的定义、识别、表示符号、性能、作用、分类以及它的好坏判断等内容，二极管属于晶体管部分，通过本章的学习，逐渐加深对电子基础部分的理解，也为以后学习三极管打下良好的基础。

4.1　二极管概述

　　二极管是晶体二极管的简称，它主要是由 P 型半导体和 N 型半导体形成的 PN 结，在其界面处两侧形成空间电荷层，并建有自建电场。当不存在外加电压时，由于 PN 结两边载流子浓度差引起的扩散电流和自建电场引起的漂移电流相等而处于电平衡状态。当外界有正向电压偏置时，外界电场和自建电场的互相抑消作用使载流子的扩散电流增加而引起正向电流；当外界有反向电压偏置时，外界电场和自建电场进一步加强，形成在一定反向电压范围内与反向偏置电压值无关的反向饱和电流。当外加的反向电压高到一定程度时，PN 结空间电荷层中的电场强度达到临界值，产生载流子的倍增过程，从而产生大量电子空穴对，进而产生数值很大的反向击穿电流。这就是二极管的击穿现象。

4.2　识别电路中的二极管

　　二极管在电路板及电路图中，常用"D"来表示，电路图符号为"─▷｜─"，也就是说，当在电路图或者电路板上看到一个元件周围标有"DXXX"标志时，就代表它是个二极管元件。二极管的外观有很多种，电路板中常见的二极管实物如图 4-1 所示。

　　二极管一般是两条腿的居多，但并不是所有的二极管都是只有两条腿，图 4-2 所示的三条腿二极管，它的内部由两个二极管组合而成。

　　将二极管做成三极管的模样，可以实现较大功率及较大的电流，并且便于安装和散热，如图 4-3 所示，图中安装的是一只复合二极管。不能通过管脚的个数来判断它是一个什么样的元件，具体要看它的型号。

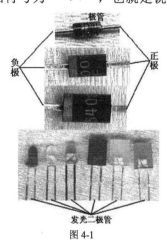

图 4-1

二极管的玻璃封装形式如图 4-4 的 D3 所示，这种二极管主要起隔离和电子开关等作用，常见型号有 1N4148、SSM1448 等。

图 4-2

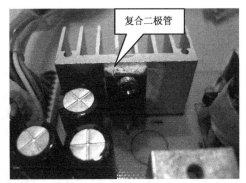

图 4-3

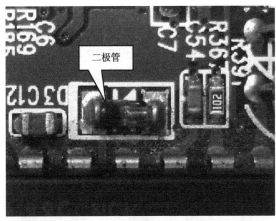

图 4-4

贴片封装式二极管如图 4-5 所示，这类二极管体积小，重量轻，耐压和耐电流都不是很大，主要用于信号部分的电路。

有些贴片式二极管的外观像三极管，如图 4-6 所示，这个元件的标号是 D21，它的内部有可能是两个二极管组合，也有可能内部只有一个二极管，做成三个脚是有一个脚为空脚，具体要根据它的内部结构图确定。

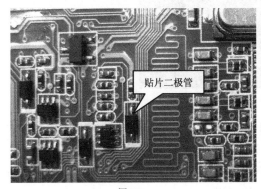

图 4-5

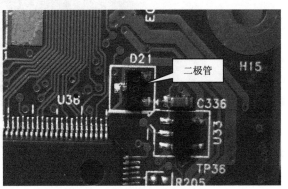

图 4-6

4.3　二极管的特性

二极管是最常用的半导体器件之一，二极管有正、负两个引脚，正极称为阳极 A，负极称为阴极 K。

二极管具有单向导电的特性，即电流只允许从它的正极流向负极，而不允许从负极流向正极。理想状态下，当电流从正极流向负极的时候，此时二极管呈短路状态，相当于一个开关的闭合。反之，当电流企图从它的负极流向正极的时候，二极管呈开路状态，相当于一个开关的断开，二极管此时具有一个无穷大的电阻特性，从而使得电流无法通过。

4.4　二极管正负极的判断

二极管有正、负极之分，在电路图符号"─▷├─"中，三角一面为正极，竖线一面为负极。在二极管实物图中，一般负极会标有一圈与其他地方不同的颜色，如图 4-7 所示，有一小圈与其他地方颜色不同的为负极，另外一部分为正极。

图 4-7

二极管具有单向导电的特性，如果二极管管体上的正、负极标识看不清楚，也可以通过万用表测量其正、负极。用万用表测量前，首先要将挡位开关拨到二极管挡，也叫蜂鸣挡，如图 4-8 所示。

图 4-8

用红、黑表笔正、反两次测量二极管，当测得有阻值的一次，红表笔连接的是二极管的正极，黑表笔连接的是二极管的负极，如图 4-9 所示，这个阻值一般为 500Ω 左右，图中为 442Ω。

如果将红黑表笔反过来，如图 4-10 所示，万用表就会显示数字"1"，该数字代表阻值无穷大，同样，此时黑表笔接的可以判断为二极管的正极。

图 4-9

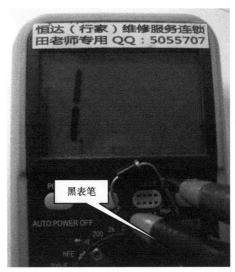

图 4-10

4.5 二极管的分类

二极管有多种分类方式，根据其作用不同，可以把二极管分为六类，分别是整流二极管、稳压二极管、发光二极管、开关二极管、快恢复二极管、钳位二极管。

1. 整流二极管

二极管的整流作用，是二极管最广泛应用的一种功能。整流二极管主要是将交流电变成直流电，常见的整流电路又分为半波整流、全波整流、桥式整流 3 种。

（1）半波整流

半波整流电路模型如图 4-11 所示，A、B 之间通入交流电，经过二极管 D1 后，在电容 C1 上就会得到一个直流电。

原理分析：该过程如图 4-12（a）所示，A、B 之间通入交流电，交流电是大小和方向都随时间的改变而改变的电，可以把交流电看作两个大小和方向不停变化的直流电。以 A 为正为例分析它的工作过程，在 0～2 时刻，A 为正，B 为负，此时二极管 D1 可以导通，在电容 C1 上会得到和 0～2 一样的电；在 2～4 时刻，电压方向发生跳转，B 为正，A 为负，此时由于二

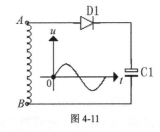

图 4-11

极管的反向截止，该电压被阻挡，不能进入电容中，下一时刻，重复以上过程，因此 A、B 之间的交流电，经过二极管 D1 整流后，则变成了图 4-12（b）所示的直流电，可以看到，经过该二极管整流后，电能被浪费了一半。

（2）全波整流

全波整流电路模型如图 4-13 所示，它在 A、B 交流电中间加了一个抽头接到了电容的负极，该电路则为全波整流电路。

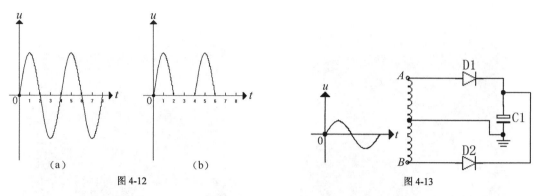

图 4-12

图 4-13

原理分析：如图 4-14 所示，A、B 之间通入交流电，在 0～2 时刻，A 为正，B 为负，此时二极管 D1 导通，D2 截止，在电容 C1 上得到的电压如图 4-14（b）所示；在 2～4 时刻，B 为正，A 为负，二极管 D2 导通，D1 截止，因此在电容 C1 上得到的电压如图 4-14（c）所示，重复以上过程，电容 C1 上会得到图 4-14（d）所示的电压。

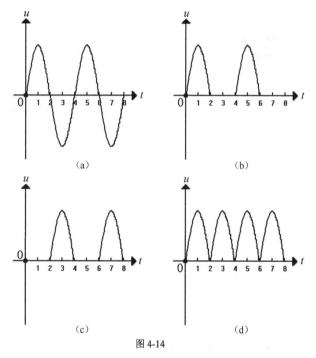

图 4-14

综合以上分析，当在 A、B 通入如图 4-15（a）所示的交流电时，在后面电路中就可以得到图 4-15（b）所示的直流电，可以看到全波整流在整个交流电的周期中，D1 和 D2 轮流交替导通与截止，电能利用率大大提高。不过它的缺点是要在变压器的中间做一个抽头，这给变压器的制作过程带来了很多麻烦，并且，当二极管截止时，它需要承受的反向电压是正常电压的两倍，这对二极管性能也有了进一步的要求。

全波整流和半波整流相比，虽然全波整流在整个周期内，都有电能向后传递，大大提高了电源效率，但可以看到，在半个周期内，线圈只是其中的 1/2 在工作，另 1/2 被二极管反偏截止，因此，电能也不是完全被利用。

（3）桥式整流

桥式整流的电路模型如图 4-16 所示，可以看到，它由 4 个二极管按一定的规律组合而成，其中两个二极管的正极连在一起接电容的负极，另两个二极管的负极连在一起接电容的正极，剩余的一正一负连在一起接交流电，交流电不分正负极。

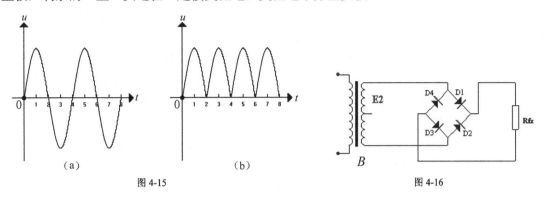

图 4-15   图 4-16

原理分析：如图 4-17 所示，当 A、B 之间通入交流电时，在 0～2 时刻，A 为正，B 为负，电流走向为从 A 点出发，经过二极管 D2，经过电容，回到地线，通过二极管 D4 回到 B 点，在这个过程中，D2、D4 正向导通，D1、D3 反向截止。

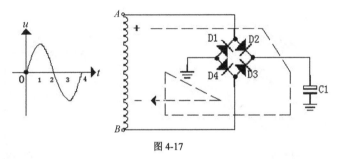

图 4-17

如图 4-18 所示，在 2～4 时刻，B 为正，A 为负，电流走向为从 B 点出发，经过二极管 D3，经过电容，回到地线，通过二极管 D1 回到 A 点，在这个过程中，D3、D1 正向导通，D2、D4 反向截止。

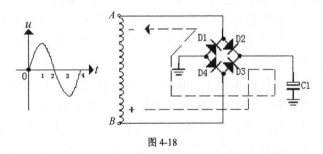

图 4-18

桥式整流比全波整流更进了一步，在整个交流电的周期内，两个二极管截止，就会有两个二极管同时导通，电能被最大化利用，并且在半个周期内，由于是两个二极管串联工作，因此电源的电压平分到每个二极管上，它们只需要承担 1/2 的压力，这对二极管的选择有了更宽的范围。

相对半波整流和全波整流，桥式整流最先进，电能利用率最高，也是目前应用最为广泛的整流模式，在各种电器设备上都有使用。

2. 稳压二极管

稳压二极管一般用"ZD"表示，它与普通二极管的不同之处是在一定范围内可以软击穿，从而将电压限制在一定的"值"上，这个"值"就是稳压二极管的稳压值。

稳压二极管从外观上来看和普通二极管没有太大的区别，如图 4-19 所示，一般在它的管体上会标有稳压值，如"12V"，代表它是一只稳压值为 12V 的稳压二极管，或者标有"Z"字样，代表它是稳压二极管，具体需要查一下电路图或者二极管的型号来确定它是不是稳压二极管。

稳压二极管的典型应用如图 4-20 所示，电源电压 A 点为 15V，经过电阻 R1 降压后，为用电器 R2 提供一个 12V 的电压，为了使 12V 电压更加稳定，防止因电压过高烧毁用电器，可以在 C 点对地接一只稳压二极管，它的稳压值为 12V。

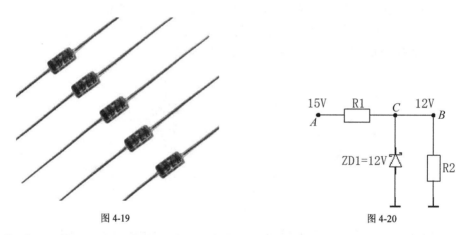

图 4-19   图 4-20

工作原理分析：当电源电压正常时，稳压二极管由于反接在电路中，负极接的是正电压，正极接的是地线，因此，它在这里不起任何作用。当电源电压变高时，如 15V 变成 20V，此时经过 R1 降压后的电压也有所提高，如提高到了 16V，由于 16V 会危急到用电器 R2 的安全，此时稳压二极管 ZD1 就会反向导通到一定程度，将高出来的电压对地消耗，使 C 点的电压稳定在它的稳压值上，即 12V，从而保护了后面电路的安全，当电源电压降回正常值时，它又恢复无任何作用的状态。

稳压二极管能够稳定电压的原因在于其在一定的范围内可以软击穿，然后对地分流，使前面的限流电阻消耗更多的电压，从而实现稳定用电器电压的作用。

如果电源电压升得过高，如 15V 升到 150V 或者更高，稳压二极管就会对地完全击穿，即使电压回落到正常值，它也不能恢复原来的状态，这种情况就是稳压二极管的击穿现象，击穿后就等于完全损坏，不能再使用了。

每个稳压二极管都有自己最高的电压承受能力，这是出厂时就已经决定的，只能在它的工作范围内使用，超出就有损坏的危险。

3. 发光二极管

发光二极管主要用作指示灯，图 4-21 所示为最常见的发光二极管。目前，发光二极管的应用很广泛，如各种电源指示灯，包括目前最先进的 LED 显示屏、液晶电视、户外广告、拼接大屏等都应用了发光二极管技术。另外，家庭用的照明灯也逐渐向发光二极管靠近，发光二极管具有工作电压低、节能、亮度高、工作温度低、寿命长等优点，因此在各行各业的应用越来越广泛。

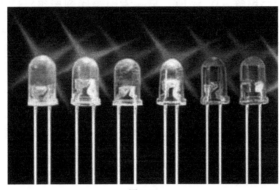

图 4-21

4. 开关二极管

开关二极管是利用了二极管的单向导电特性而做成的具有电子开关作用的二极管，当二极管的正极电压高于负极电压时，它相当于一个开关的闭合；反之，当二极管的正极电压低于负极电压时，它相当于一个开关的断开，基于这个原理，开关二极管在某些电路中可以充当一个好的电子开关。

5. 快恢复二极管

二极管都有正向导通、反向截止的特性，快恢复二极管是指正向导通和反向截止速度很快的一种二极管，也就是说 1s 内，普通二极管只可以开关几十次甚至上百次，而快恢复二极管则可以开关几万次甚至几十万次。快恢复二极管又叫作高频二极管或者肖特基二极管，主要用在频率很高的电路中。

如果在一个频率很高的电路中，安装了一只普通的二极管，那么正向导通后，反向电压快速到来，由于它还没有来的及反向截止，就已经被反向电压冲击了，因此普通二极管（低频管）则很快会被击穿。

快恢复二极管的正向阻值一般只有200Ω左右，它比普通的二极管的正向阻值500Ω左右要小一些，阻值低更有利于其快速开关。

图 4-22

快恢复二极管主要用在电源电路中，图 4-22 所示为电源部分的复合快恢复二极管，属于大功率型，个头较大。

6. 钳位二极管

二极管的钳位作用是利用了它的导通压降原理，硅材料二极管的导通压降为 0.7V 左右，锗二极管的导通压降为 0.3V 左右，也就是说，二极管两端的电压差是一个固定值。基于这个原理，将二极管一端的电压固定，就能使另一端的电压保持不变，这就是钳位。

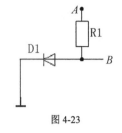

图 4-23

如图 4-23 所示，A 点来自于一个高电压，经过 R1 后，一方面通过二极管 D1 接地，另一方面输送到后级，这里的 D1 起到了钳位作用，它把 B 点的电压钳位在二极管的导通压降上，即 B 点的电压永远被钳位在 0.7V 以下。

4.6 二极管的测量及代换

二极管的测量与代换是比较简单的，可以多准备一些料板，用件时去拆一个就可以。

4.6.1 二极管的测量

二极管测量用万用表的蜂鸣挡，如图 4-24 所示。每个数字万用表都会有这个挡位，主要用来测试二极管的好坏及电路是否断线，将挡位旋钮打到这个挡位后，然后将万用表的两个表笔相碰，万用表就会发出"滴滴滴"的长鸣声，代表电路接通。

图 4-24

二极管好坏的具体测量方法如下。

① 将二极管从电路中取下来，短路一下正、负极将其放电。

② 将万用标打至蜂鸣挡，同时将两只表笔碰在一起，以确定万用表完好。

③ 红表笔接二极管正极，黑表笔接二极管负极，此时万用表的读数应为 500Ω 左右，如果是快恢复二极管，阻值会小一些，大约在 200Ω。

④ 对调两只表笔，让黑表笔接二极管的正极，红表笔接二极管的负极，此时，万用表的读数应显示无穷大，也就是显示"1"，这样就证明被测试的二极管性能完好。

注意事项。

- 红表笔接二极管正极、黑表笔接二极管负极，或黑表笔接二极管正极、红表笔接二极管负极，万用表都"滴……"响，并且阻值显示很小，如 0.01Ω，则代表这个二极管已完全击穿，不能再使用了，它的内部已相当于一根导线。
- 红表笔接二极管正极、黑表笔接二极管负极，或黑表笔接二极管正极、红表笔接二极管负极，万用表都没有任何读数，并且阻值显示很大，如"1Ω"，则代表这个二极管已完全开路，不能再使用，它的内部已相当于短路。
- 红表笔接二极管正极、黑表笔接二极管负极，或黑表笔接二极管正极、红表笔接二极管负极，万用表都有一定的读数，该读数既不是 0 也不是无穷大，则此二极管已性能不良，也不能再继续使用。

总之，一只二极管，只有正向阻值 500Ω 左右（快恢复是 200Ω 左右），反向无穷大，才是一只性能优良的二极管。

4.6.2　二极管的代换

如果已经判断一只二极管已彻底损坏，则代换时需要考虑的主要参数有耐压、电流和频率。耐压是指二极管能承受的最高电压，耐压不够，二极管装上去会瞬间烧坏；电流指的是二极管允许通过的最大电流，电流值不够，二极管会在短时间内因严重发热而损坏；频率是指二极管的开关速度，不同的开关速度也是不能代换的。只要以上参数一样，二极管基本就可以代换。

代换技巧：相同电路功能的二极管一般都可以代换，如电源中的一只二极管损坏，找不到一样的，可以找另一块电源中位置和功能相同或者相近的去代换，一般成功率是很高的，不妨一试。

核心技术总结

本章从维修实用的角度出发，全面介绍了二极管的知识，虽然二极管在电子学中是非常复杂的，但是从维修实用的角度，掌握以上知识就完全够用、实用。

大家课后对本章的内容再仔细回顾、复习，学好本章的内容，也会对下一章学习三极管具有一定的作用。三极管是比较复杂的一种电子元件，直接学习难度有点大，先将本章二极管的知识掌握，再去学习三极管也就简单多了。

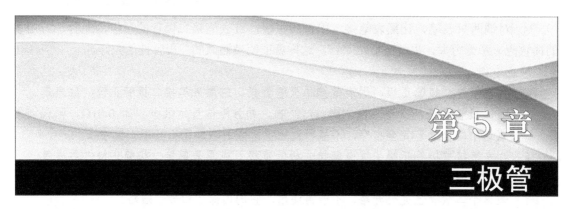

第 5 章

三极管

三极管是电子元件中又一重要元件，三极管的学习与掌握会具有一定的难度，因为它不仅是一个电子元件，而且经常用于需要进行各种电路分析的电路中，本章主要介绍三极管的识别、特性、测量及好坏判断等维修实用技术。

5.1 三极管概述

三极管也称为半导体三极管或者晶体三极管，它是电子电路中最重要的元器件，其主要功能是电流放大和开关。三极管顾名思义具有三个电极。二极管是由一个 PN 结构成，而三极管是由两个 PN 结构成，它们共用的一个电极为三极管的基极（用字母 b 表示），其他两个电极分别为集电极（用字母 c 表示）和发射极（用字母 e 表示）。不同　的组合方式，形成了两种类型的三极管。一种是 NPN 型，另一种是 PNP 型，如图 5-1 所示。

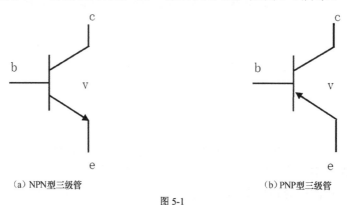

（a）NPN型三级管　　　　　　　　　　（b）PNP型三级管

图 5-1

三极管中，箭头的方向代表了电流的方向，由此可见，NPN 型三极管，电流向外，b 极可以流向 e 极，c 极也可以流向 e 极；PNP 型三极管，电流向内，e 极可以流向 b 极，e 极也可以流向 c 极。

三极管实物如图 5-2 所示，这些三极管为直插式，也就是有引脚。在电路图中，三极管的 b 极一般在中间，而实物图中，三极管的 b 极一般在左边或者右边。

常见三极管还有贴片式，如图 5-3 中的 Q35，这类三极管主要用于比较精密的电路板中，如液晶显示器主板、笔记本电脑主板及其它精密电器中，它的优点是体积可以做得很小，缺点是一般不能提供大的功率，因此只支持信号部分使用。

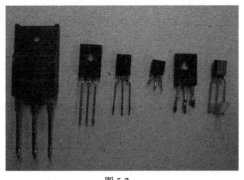

图 5-2

图 5-3

5.2 三极管的3种工作状态

以 NPN 型三极管为例，来分析一下三极管的 3 种工作状态（视频中会详细介绍）。

电路模型介绍：如图 5-4 所示，三极管 Q1 的三个极分别是基极（b）、集电极（c）、发射极（e），其中发射极通过限流电阻 R1 接地，集电极接一电压 V+，b、e 之间假设有一道门，这道门同时也是 c 流向 e 的必经之门，其开关由 b、e 之间的电压差决定，由于 e 极通过电阻接地，无电压，因此，也可以理解成由 b 极的电压决定。

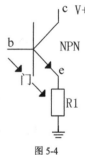

图 5-4

1. 截止状态

当 b 极电压为低电平时，如 0V，此时 b、e 之间没有电压差，也就没有力量推开那个门，因此，NPN 三极管处于截止状态，此时三极管不导通，其 c、e 极之间呈现一个无穷大的电阻，相当于开关的断开。

2. 饱和状态

当 b 极电压为高电平时（足够高），门被完全推开，NPN 三极管则进入饱和状态，此时三极管完全导通，其 c、e 极之间呈现一个很小的电阻，相当于开关的闭合。

3. 放大状态

处于截止和饱和的中间状态则为三极管的放大状态，处于放大状态的三极管，当 b 极有一个较小电流变化的时候，在 c、e 极之间就会有一个较大电流的变化，借助这种原理，可以把它用作信号的处理与放大。对于处在放大状态的三极管，它的 c、e 极之间相当于一只动态电阻，该电阻即不是无穷大也不是为 0，而是一个变化的值，它的变化取决于 b、e 极之间的电压差。

分析总结。

三极管处于截止和饱和两个极端状态时，可以做电子开关使用，此时，针对 NPN 型三极管，b 极电压为高时，三极管导通，相当于开关的闭合；当 b 极电压为低时，三极管截止，相当于开关的断开。

PNP 型三极管正好与 NPN 型相反，当 b 极电压为低时，三极管导通，当 b 极电压为高时，三极管截止，这些知识，将在视频中详细讲解。

5.3 三极管的测量

三极管的测量主要分为好坏测量及极性测量，好坏测量是为了判断其好坏，极性测量是为了判断 b、c、e 脚。

5.3.1 三极管的好坏测量

三极管的好坏测量和二极管一样，也是用蜂鸣挡，如图 5-5 所示，

拿到一只三极管，先用红、黑表笔分别测量三极管 6 次，如果有两次电阻，每次均为 500Ω左右，如图 5-6 所示，则可以判断这个三极管是好的。

图 5-5   图 5-6

除以上正常情况外，其它情况均是坏的，三极管的常见损坏状态主要有以下几种。

（1）测量 6 次，阻值均为无穷大，如图 5-7 所示，这种情况说明该三极管已开路，也就是内部断开，已彻底损坏，无法再继续使用。

（2）测量 6 次，每次阻值都为 0 或者接近 0，如图 5-8 所示，同时万用表会发出"滴滴"响声，这种情况说明该三极管已击穿，也就是内部短路连在一起，已彻底损坏，无法再使用。

（3）测量 6 次，有多次电阻，也许阻值很大，如 1000Ω左右，也许阻值小，如 100Ω左右，这些情况都说明该三极管性能不良，也不能再使用了。

5.3.2 三极管的极性判断

取一只正常的三极管，测其 6 次阻值，其中两次有阻值的时候，其中一个表笔不需要动，则该表笔连接的即是该三极管的 b 极，和 b 极靠近的是 c 极，和 c 极靠近的是 e 极，这里分两种情况。

（1）若测试两次阻值时，表笔不动的是红表笔，代表这个三极管的型号为 NPN 型。

（2）若测试两次阻值时，表笔不动的是黑表笔，代表这个三极管的型号为 PNP 型。

图 5-7

图 5-8

5.3.3　三极管放大倍数的测量

三极管的放大倍数是指三极管工作在放大状态时，b 极输入的信号能被三极管放大的程度。三极管的放大倍数用 hFE 表示。

三极管放大倍数测量，有专用的挡位 hFE，如图 5-9 所示。如果要测量三极管的放大倍数，就必须先将挡位开关拨到该位置，同时将三极管按类型和脚位插入右上角的专用测试孔。

图 5-9

以一个普通三极管为例，来实际测量一下它的放大倍数，如图 5-10 所示，取一只型号为 A733 的三极管，来测量一下它的放大倍数。

49

通过对其 3 个脚的 6 次电阻测量，可以判断它为一只 PNP 型的三极管，并且可以判断出它的 b、c、e 极。然后对应插入三极管放大倍数专用测试孔，并选择好挡位开关，就可以直接测量到它的放大倍数，如图 5-11 所示，它的放大倍数为 227。

图 5-10

图 5-11

同样的方法，再来测试一只型号标注为 BF423 的三极管，如图 5-12 所示，看它的放大倍数是多少。

先判断它是 PNP 型还是 NPN 型，然后再判断它的 b、c、e 脚，然后对应插入三极管放大倍数测试孔，如图 5-13 所示，可以测得它的放大倍数为 146，它比 A733 要小一些。

图 5-12

图 5-13

5.4　数字三极管

数字三极管是在三极管内部集成 1～2 个电阻，省掉了电路板外部电阻的安装，节约了制造成本。图 5-14 所示为型号 LDTA114EM3T5G 的数字三极管内部结构，它在 b 极和 e 极之间加了两个电阻，这种三极管的测量与普通三极管不一样，需要区分对待。

数字三极管和普通三极管的外观没有任何区别，如图 5-15 所示。从外观上来看，它就是个普通的贴片三极管，在测量判断其好坏时，测量到的阻值会和普通三极管不一样，因为它的内部含有两个电阻，这里需要注意，不要误以为它是坏的。

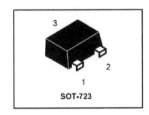
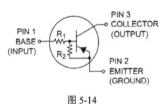

图 5-14

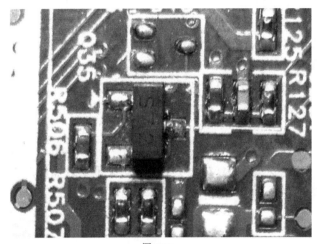

图 5-15

5.5 三极管的代换

对于任何三极管（包括普通三极管和数字三极管），其损坏后都尽量找原型号去代换，原型号代换是最理想的。如果实在找不到原型号，对于普通三极管，需要考虑的参数有耐压、耐流、放大倍数和频率。

1. 耐压

耐压是指三极管能承受的最高电压，更换三极管时，耐压不能低于原来值，更换低耐压值的三极管，很有可能装上就烧。

2. 耐流

耐流是指三极管能承受的最大电流，更换三极管时，耐流也不能低于原来值，更换低耐流值的三极管，很有可能装上会在短时间内因过热而烧坏。

3. 放大倍数

放大倍数也是更换三极管时需要考虑的参数之一。

另外，数字三极管的代换，如果没有相同的型号，可以查一下它的定义书，弄明白内部电阻的个数和阻值，在外部加相同的电阻即可。

5.6 三极管的代换技巧

（1）有同型号的找同型号。

（2）无同型号找相同电路中功能接近的，如液晶显示器 VGA 插口周围的三极管损坏，如果找不到一样的，可以将另一个液晶显示器的驱动板也是 VGA 接口旁边的三极管拆一个替换。

（3）如果损坏的三极管已完全开路或者完全击穿，无法判断其极性及类别，此时可以到该电路板中找相同型号的好件代为判断，因为同一个型号的三极管，往往在电路板中会用到很多个。

（4）如果一只损坏的三极管已完全烧糊，既看不清型号又无法测量其极性和类别，代换方法为查电路图、找相同型号的板及分析电路走向等。

核心技术总结

三极管结构复杂，文字表达起来也比较抽象，在培训教学中及远程视频教学中将加大本章的讲解力度，同时本章内容全部通过教学演示加课下实践的方式学习。

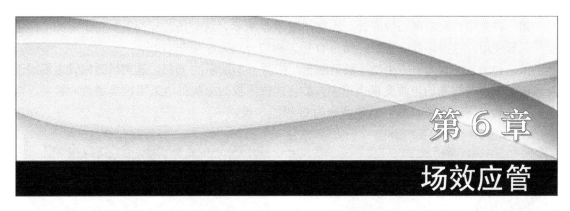

第 6 章
场效应管

场效应管是场效应晶体管的简称，场效应管和三极管一样，都能实现信号的控制和放大，一般在电路中做电子开关使用，但由于它们的构造和工作原理不同，因此两者差别很大，场效应管也是最近几年流行起来的一种电子元件，原来都是采用三极管。

6.1 场效应管的基本知识

场效应管在电路中和三极管的表示符号一样，也是用"Q""V""VT"等符号表示。

场效应管从结构上可以分为很多类，但是目前电子电路板中应用最为广泛的是绝缘栅型场效应管，英文缩写为"MOSFET"，因此，也称为 MOS 管或者场管。

场效应管的外观和普通三极管一样，一般也具有 3 只引脚，不过工作原理却完全不同，三极管是电流控制性元件，而场效应管是电压控制性元件。场效应管的控制脚称为闸极或者栅极（G 极），它相当于一个水库的闸门，起控制作用；而水库的上方可以提供水，对应的场效应管的引脚为源极（S 极）；水库下方是水的出口，对应到场效应管的漏极（D 极）。

场效应管与三极管 3 个电极的对应关系是：G 极对应 b 极，S 极对应 e 极，D 极对应 c 极，三极管中，箭头的方向代表了电流的方向，而场效应管中，箭头的方向代表了电流的反方向，这里大家需要区分对待，以免混淆。

实际电路中的场效应管，按照极性又可分为 P 沟道和 N 沟道两种。P 沟道和 N 沟道场效应管的工作原理是完全一样的，只是供电电压的极性不同，N 沟道场效应管是 G 极为高电平时导通，导通后电流从 D 极流向 S 极；而 P 沟道场效应管是 G 极为低电平时导通，导通后电流由 S 极流向 D 极，这和 NPN 与 PNP 型三极管的特性是一样的。三极管箭头向里的是 PNP 型，箭头向外的是 NPN 型；而场效应管正好相反，箭头向里的是 N 沟道，箭头向外的是 P 沟道，它们的对应关系如图 6-1 所示。

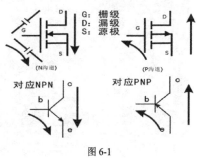

图 6-1

6.2 场效应管的识别

场效应管在电路中主要有以下 4 种存在形式。

第一种是中、大功率场效应管，实物如图 6-2 所示，这类场效应管主要用于电源电路中做开关管使用，这类场效应管中间脚为 D 极，两边分别为 S 极和 G 极。

第二种场效应管为中、小功率场效应管，如图 6-3 所示的 Q53，这类场效应管主要用于对电流要求不是很高的电源变换电路中，如台式机主板的总线供电采用这类场效应管进行电压变换，其中间帽子为 D 极，其他两脚为 G 极和 S 极。

图 6-2

图 6-3

第三种场效应管为 8 脚贴片式场效应管，如图 6-4 所示 TPC8014，这类大于 3 脚的元件，上面标有一个黑点的地方是它的第一脚，逆时针旋转，通过和电路相连的铜皮可以看到其他 7 只脚。它的 1、2、3 脚是连在一起的，4 脚是个单独的脚，5、6、7、8 脚又是连在一起的，因此，它的 8 只脚里，其实实际有用的还是 3 只脚，也就是场效应管的 G、D、S，这类场效应管，一般 1、2、3 脚连在一起为 S 极，4 脚为 G 极，5、6、7、8 脚连在一起为 D 极。

第四种场效应管为最小体积贴片式，如图 6-5 中的 Q20 所示，它在电路中主要用于信号部分的传递与控制。这类场效应管具有体积小、方便安装的优点，但是它却不能承受大电压和大电流，因此功率一般都很小，只适合做信号处理时使用，这类场效应管一般中间脚为 D 极，两边脚为 G 极和 S 极。

图 6-4

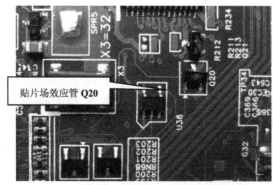

贴片场效应管 Q20

图 6-5

6.3　场效应管的结构

场效应管从结构上主要可以分为单沟道场效应管、复合场效应管和特殊场效应管 3 种，下面分别介绍。

6.3.1 单沟道场效应管

单沟道场效应管是指其内部只有一只场效应管，无论是 3 只脚还是 8 只脚的存在形式，它的内部都只有一只场效应管。图 6-6 所示安装在散热片上的元件为一只应用在液晶显示器电源部分的开关场效应管，它只有 3 只脚，因此只可能是一只单沟道场效应管，3 只脚分别为 S、D、G。

笔记本电脑主板中的场效应管一般是 8 脚贴片式封装，其内部原理如图 6-7 所示，这里可以封装一个场效应管，也可以封装两个场效应管，当封装一个场效应管时，就称为单沟道场效应管。一般情况下，有点的一边是第 1 脚，然后逆时针数，共 8 个脚。单沟道的场效应管通常 1、2、3 脚在电路上是连在一起的，做场效应管的 S 极；4 脚是单独的脚，做场效应管的 G 极；5、6、7、8 脚是连在一起的，做场效应管的 D 极。

图 6-6

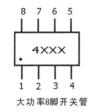 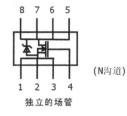

图 6-7

这种场效应管在笔记本电脑主板中的实物如图 6-8 所示，这些 8 脚场效应管均为单沟道场效应管，它的特点是体积小，同时又可以耐较高的电压和电流，也就是功率较大，因此被广泛采用。

图 6-8

6.3.2　复合场效应管

复合场效应管是指这 8 个脚的管子内部由两个场效应管按照一定的规则组成，这类复合场效应管的内部结构如图 6-9 所示，可以根据它们的内部组合得知各引脚定义，在实际维修中，遇到这类复合的场效应管，要查一下它们的内部图。

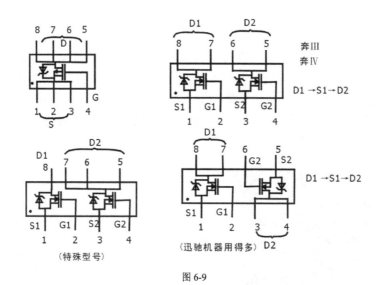

图 6-9

这类场效应管在电路板上和单沟道场效应管的管脚铜皮不一样，如图 6-10 所示，它不像单沟道场效应管那样 1、2、3 脚连在一起，5、6、7、8 脚连在一起，而是单独的引脚或者最多 2 只脚连在一起，这类场效应管就是复合场效应管。

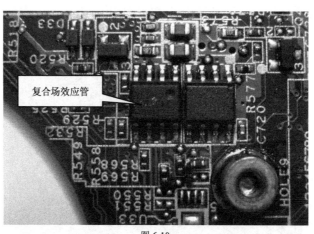

图 6-10

6.3.3　特殊结构效应管

在各种电路板中，还有 6 个脚的场效应管，如图 6-11 所示。这些场效应管内部排列方式比较乱，称为特殊结构场效应管。尽管场效应管的内部排列各有不同，但是只要掌握了它的 G、D、S 以及极性的辨别，都可以轻松了解它们。

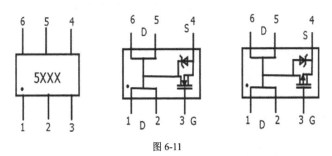

图 6-11

特殊结构场效应管在实际主板中的应用如图 6-12 所示，通过铜皮引脚可以看到，它的1、2、5、6 脚连在了一起，3 脚和 4 脚是两个单独的引脚，因此，虽然它是一只 6 脚特殊场效应管，但实际有用的引脚还是 3 只脚。

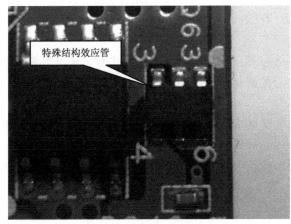

图 6-12

6.4 场效应管的测量与代换

场效应管的测量与代换和三极管类似，只要掌握了电子元件的特性和用途，元器件之间的通用性是很强的，很多学员反映买不到配件，真正了解后就会发现代换是很简单的事情。

6.4.1 场效应管的测量

场效应管测量时，万用表需打至蜂鸣挡，先对场效应管的 3 只引脚相互短路放电，然后再测量其 3 只引脚的正、反向 6 次阻值，若只有 1 次有阻值，并且阻值在 500Ω 左右，即可认为它是好的（部分快恢复场效应管阻值为 200Ω 左右也是正常的，如笔记本电脑主板中PWM 路部分的下管）。

场效应管测量时，一般会有以下几种情况。

测量时，有一次或者多次阻值为 0，应对场效应管的 3 只引脚再次深度放电，如果阻值仍为 0，则代表该场效应管已击穿损坏。

测量时，若 6 次阻值均为无穷大，则代表该场效应管已开路损坏。

测量时，若有多次阻值，该阻值既不是无穷大，也不为 0，则代表该场效应管已性能不良，无法再继续使用。

对于一只正常的场效应管，测得 6 阻值时，有阻值的那个时刻，若红表笔接的是场效应管的 D 极，则该场效应管为 P 沟道。

对于一只正常的场效应管，测得 6 阻值时，有阻值的那个时刻，若黑表笔接的是场效应管的 D 极，则该场效应管为 N 沟道。

6.4.2 场效应管的代换

场效应管的代换原则如下。

（1）有同型号的尽量找同型号的来代换。

（2）无同型号的应找相同电路中功能接近的来代换，如液晶显示器电源散热片上的场效应管损坏，如果找不到一样的，可以到另一个液晶显示器电源部分的散热片上去拆一个相同功能的件。

（3）如果损坏的场效应管已完全开路或者完全击穿，无法判断其极性及类别，此时可以到该电路板中找相同型号的好件代为判断，因为一个型号的场效应管，往往在一个电路板中会用到很多个。

（4）如果一只损坏的场效应管已完全烧糊，既看不清型号又无法测量其极性和类别，代换方法为查电路图、找相同型号的板及分析电路走向等方法。

以上都是实际维修中总结出来的方法和技巧，通俗易懂，相当实用。

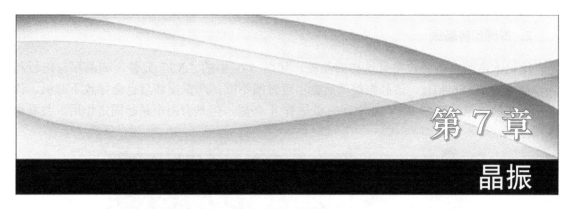

第 7 章

晶振

晶振是石英晶体振荡器的简称。晶振是一种用于产生稳定频率和选择频率的电子元器件。晶振是高精度和高稳定的振荡器,广泛应用于各种电路中,为数据处理设备产生时钟信号和为特定系统提供基准信号。

7.1 晶振的识别

晶振的外观如图 7-1 所示,可以看到,晶振有形形色色的外观,形状、材料各不相同,甚至有的是 2 脚有的是 4 脚,但它的作用只有一个,那就是提供振荡频率,它的有用脚只有 2 个,其他都是接地脚或者无用脚。

图 7-1

常见电子类电路板中的晶振主要有以下几种形式。

1. 两脚铁壳晶振

台式机主板中,时钟芯片的基础晶振一般采用两脚铁壳晶振,如图 7-2 中的"TXC"元件,该晶振与时钟芯片相连,为时钟芯片提供固定的 14.318MHz 的时钟频率,它损坏后,会出现计算机开机不能显示的故障,因为它要为多个电路提供时钟频率。

2. 四脚塑料晶振

笔记本电脑南桥旁边常有这样的晶振，如图 7-3 中的"X3"元件，该晶振与南桥相连，频率为 32.768kHz，该晶振损坏后会出现时间不准，严重损坏后也会导致不开机。该晶振两脚的电压一般在 0.5V 左右，它虽然有 4 条腿，但是有两个是起固定作用，并没有连接电路。

图 7-2

图 7-3

3. 四脚铁盖晶振

笔记本电脑主板网卡旁边常有这样的晶振，如图 7-4 中的"TXC"元件，该晶振与网卡芯片相连，频率为 25.000MHz，该晶振损坏后，会导致笔记本电脑网卡不工作或者根本检测不到网卡。该晶振 2 脚之间的电压一般在 1V 左右。该晶振也是 4 个脚，其中两个脚有用，另两个起固定作用，并没有连接电路。

图 7-4

4. 铁壳圆筒晶振

在台式计算机主板中，铁壳圆筒晶振也比较常见，如图 7-5 所示，由于这种晶振的体积很小，因此经常用于 U 盘中。

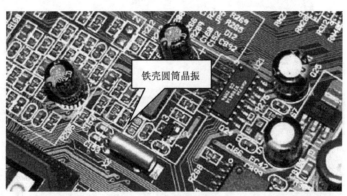

铁壳圆筒晶振

图 7-5

5. 陶瓷晶振

陶瓷晶振在比较老的电器中常见，如图 7-6 所示，新式电路板中则很少见到这种晶振，陶瓷晶振的精度比现在的晶振要差一些，因此主要应用在对精度要求不是很高的电路中，它的优点是价格便宜。

6. 455 晶振

455 晶振如图 7-7 所示，电视遥控器中采用的晶振都是这种，目前最新的电视机遥控器用的也是这种晶振，如果遥控器掉到地上，捡起来后发现不能遥控了，更换 455 晶体即可。多年前作者在长虹电视维修站，天天能修到此类故障。

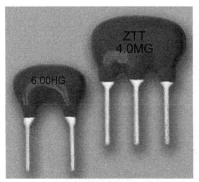

图 7-6

图 7-7

7.2　晶振的测量（示波器测量）

要测量晶振，最准确的办法就是用示波器测量，以 IBM T42 笔记本电脑中的时钟芯片晶振 14.318MHz 为例，来演示一下如何测试一个晶振的正常。如图 7-8 所示，测量前，首先要把示波器的接地端接在离被测晶振最近的地线上，离的太远会有干扰，然后将示波器的探头放在被测的晶振一条腿上。

图 7-8

需要注意的是，晶振两脚的波形并不完全一样，其中一脚波形如图 7-9 所示，可以看到它的波形为正弦波，其振荡频率为 14.318MHz。

它的另一脚波形如图 7-10 所示，可以看到，它也是一个正弦波，它的振荡频率和上面的一样，都是 14.318MHz，但它的波形和另一脚并不完全一样，而是幅度大了一些，既然波形不一样，如果用万用表去测量它两端的对地电压，也会有轻微的不一样。

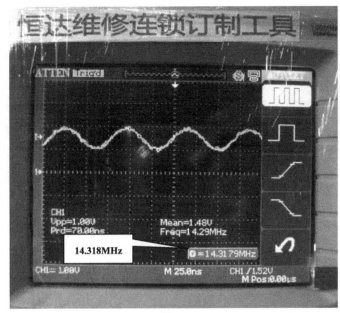

图 7-9

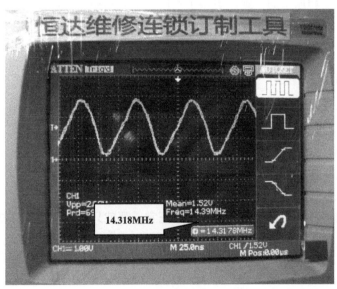

图 7-10

正是基于晶振两端的波形不完全一样，从而它两端的电压也不完全一样的道理，很多没有示波器的维修人员都是通过测量晶振两端的电压差来判断晶振是否正常工作，如果有电压差，就认为晶振已经起振，如果没有电压差，就认为晶振没起振。其原理如下。

用万用表的直流电压挡，测试晶振一端的电压，如图 7-11 所示，可以看到，这端的电压为 1.4V。

晶振另一端的电压为 1.56V，如图 7-12 所示，晶振两端的电压差为 0.16V，一般起振后的晶振两端的电压都是差零点几伏。

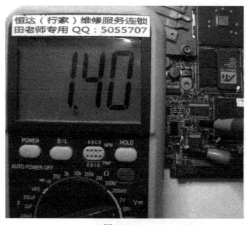

图 7-11

图 7-12

7.3 晶振的代换技巧

晶振的代换很简单，只需要掌握以下原则即可。

（1）振荡频率要和原来的一致，更换了不同频率的晶振，肯定不能正常工作。

（2）晶振的精度尽量选择跟原来一致，或者比原来更优质的。

（3）晶振不分正反，但安装时需要把有用的 2 个脚对准，特别是针对 4 脚晶振的更换。

核心技术总结

万用表测电压差判断晶振好坏只是一个粗略的方法，并不是 100%准确的，最准确的方法还是用示波器测试。

用万用表去测量晶振两端的电压，如果没有电压差，那么晶振就一定没有工作；如果有了电压差，晶振就一定工作了，但工作了不等于一定正常。

根据经验，晶振如果有了电压差，一般就可以认为正常起振了。

如果没有示波器，又想精确判断晶振是否正常，那就只能用代换的方法。

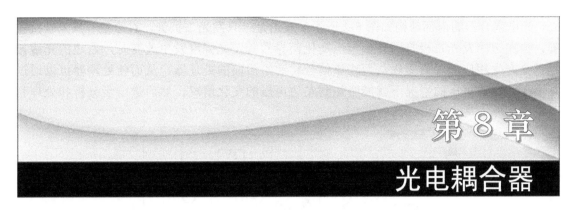

第 8 章

光电耦合器

光电耦合器（optical coupler，OC）又称光电隔离器，简称光耦。它以光为媒介传输电信号，对输入、输出电信号有良好的隔离控制作用，在各种电路中得到了广泛的应用。目前它已成为种类最多、用途最广的光电器件之一。

光电耦合器一般由 3 部分组成：光的发射、光的接收和信号放大。输入的电信号驱动发光二极管（LED），使之发出一定波长的光，光探测器接收到光之后产生阻值变化，再经过进一步放大后输出，即完成电—光—电的转换，从而起到隔离输入、输出的作用。

8.1 光电耦合器简介

光电耦合器（光耦）由红外发光管、光敏接收晶体管和密封的外壳组成。红外发光管的发光强弱能控制光敏接收晶体管的导通程度，从而能够隔离地传送信号。

各类开关电源中常将光耦用作电源部分的稳压反馈元件，在输出端（冷地侧）对输出电压进行分压取样后，将其加到 TL431 的控制极。由于 TL431 的阴极上接有光耦，所以输出电压被隔离地传送到开关电源前级（热地侧）控制电路中，从而实现稳压功能。

8.2 光电耦合器的识别

维修中常见的光电耦合器如图 8-1 所示，其中 4 条腿和 6 条腿的光耦，其内部一般都是集成了一只光耦，真正有用的脚就是 4 个。多脚光耦的内部可以集成很多个光耦，在需要多个光耦的时候，可以直接安装一个集成光耦。

图 8-1

光电耦合器的内部结构如图 8-2 所示，左边是一只发光二极管，右边是一只光敏接收管，当左边的发光二极管因外部电压变化而导致其发光强度发生改变时，右边的光敏接收管会产生相应的阻值变化从而将该信号传递给后面的处理器，从而使处理器可以通过在不接触左边电压的情况下就能感知到左边电压的变化情况，然后进一步分析和处理相关电路。

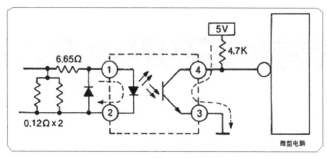

图 8-2

8.3　光电耦合器的特点

光电耦合器的主要特点是：信号单向传输、输入端与输出端完全实现了电气隔离、输出信号对输入端无影响、抗干扰能力强、工作稳定、无触点、使用寿命长以及传输效率高等。光电耦合器是 20 世纪 70 年代发展起来的新型电子元器件，现已被广泛应用于电气绝缘、电平转换、级间耦合、驱动电路、开关电路、斩波器、多谐振荡器、信号隔离、级间隔离、脉冲放大电路、数字仪表、远距离信号传输、脉冲放大、固态继电器（SSR）、仪器仪表、通信设备以及微机接口中。在开关电源中，利用线性光电耦合器可构成光耦反馈电路，通过调节控制端电流来改变占空比，从而达到精密稳压的目的。

8.4　光电耦合器的分类

光电耦合器分为两类：一类为非线性光耦，另一类为线性光耦。常用的 4N 系列光耦属于非线性光耦，常用的线性光耦是 PC817A—C 系列。非线性光耦的电流传输特性曲线是非线性的，这类光耦适用于开关信号的传输，但不适用于传输模拟量。线性光耦的电流传输特性曲线接近直线，并且小信号时性能较好，能以线性特性进行隔离控制。

各种开关电源中常用的光耦都是线性光耦。如果使用非线性光耦，有可能会使振荡波形变坏，严重时会导致电源损坏。

在维修开关电源时，如果光耦损坏，一定要用线性光耦代换。常用的 4 脚线性光耦有 PC817A-C、PC111、TLP521 等。常用的 6 脚线性光耦有 TLP632、TLP532、PC614、PC714、PS2031 等。

4N25、4N26、4N35、4N36 等光耦不适合用于开关电源中，因为这 4 种光耦均属于非线性光耦。

I

8.5 光电耦合器在实际电路中的应用

光电耦合器在实际电源板上的应用如图 8-3 所示，它跨接于电源部分的热、冷区域分解线之间，用来实现热地和冷地信号之间的隔离传递，在视频中将重点讲解它的工作原理。

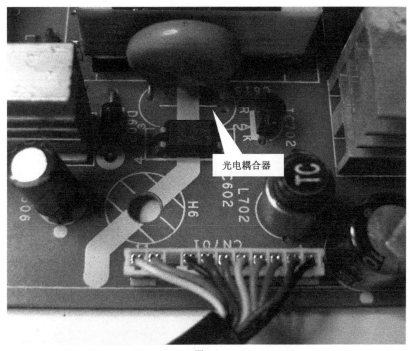

图 8-3

8.6 光电耦合器的测量

光耦的测量：要先判断哪边是发光二极管侧（正向 1kΩ 左右，反向无穷大），哪边是光敏晶体管侧（正反向均无穷大）。如果使用两块万用表，一块使发光二极管发光（红表笔接发光管正极，使表上显示 1kΩ 左右的阻值），另一块表测量光敏晶体管是否开始导通，则完全可以判断光耦的好坏。

光耦在液晶显示器开关电源中的主要作用如下。

* 开关电源稳压取样信号的隔离传递。
* 开关电源控制信号的隔离传递。由 CPU 发出的关机、节能等控制信号通过光耦加到开关电源控制芯片上。

8.7 光电耦合器的代换

光电耦合器的代换原则如下。

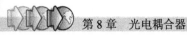

- 代换前，务必要先了解新旧两只光耦的线性情况，线性光耦和非线性光耦绝对不可代换，以免出现严重的不良后果。
- 代换时，一定要确定好光耦的有用脚，并且前级和后级要分清，不可乱装。

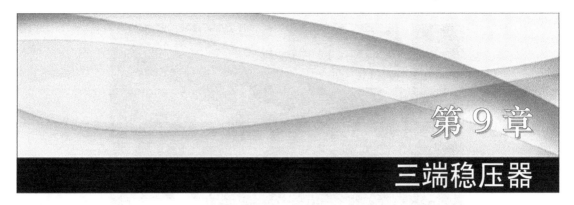

第 9 章

三端稳压器

三端稳压器是一种自动稳压的小型集成电路，其外观和常见的三极管类似。它可直接用于各种电子设备稳定电压，无须外接任何元件，既可达到标称的稳压值，也可在公共端（GND）接分压元件以改变输出电压值。由于其内部带有过流、过热保护等电路，所以使用非常方便，只需接好输入电压和地线，当输入电压在一定范围内波动时，三端稳压器即可保持输出电压的稳定。

9.1 三端稳压器的识别

常见的三端稳压器实物如图 9-1 所示。三端稳压器主要有 3 只脚有用，分别是输入脚、接地脚和输出脚。当接地脚接地时，三端稳压器会输出一个固定的输出电压值；当接地脚通过电阻接地时，改变电阻的大小可以改变其输出稳压值的大小。

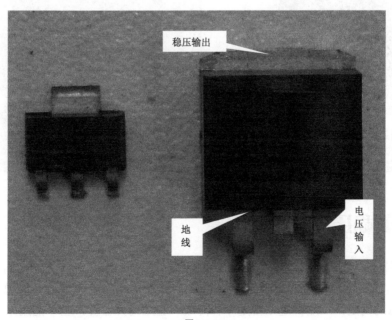

图 9-1

三端稳压器在实际电路中的应用如图 9-2 所示，这是一块液晶显示器驱动板上 5V 转 3.3V 和 3.3V 转 1.8V 的两只三端稳压器，它们在电路中起降压和稳压的作用。

图 9-2

　　常见的三端稳压器还有 78 系列，如 7812、7805 等，如图 9-3 所示。78 后面的数字就代表它的稳压输出电压是多少，如 7812，则代表它输出的电压是稳定的 12V。

　　除了 78 系列以外，还有 79 系列，如 7905、7906、7908、7912 等，如图 9-3 所示。79 系列的三端稳定压器代表其输出的电压为负压，如图 9-4 所示中的 7906 代表该三端稳压器输出的电压为稳定的–6V。

图 9-3

图 9-4

9.2　三端稳压器的应用

　　三端稳压器的典型应用电路如图 9-5 所示，可以看到，A 脚输入一个源电压，在 C 脚接地良好的情况下，就会从 B 脚输入一个稳定的电压，以图 9-5 为例，B 点的电压为稳定的 5V。

　　需要注意的的是，三端稳定压器是一种降压、稳压的元器件，它不能用来提升电压，也就是说，当输入端电压低于其标称的电压值时，它就无法正常输出该电压，如 7805 的三端稳压器；如果输入端只输入 3V 的电压，那么它的输出端最多也就可以输出 3V 的电压，而永远不可能输出 5V 的电压。

三端稳压器虽然电路简单，但并不适合于所有的稳压电路。三端稳压器适合的电路只局限于电压跨度不是很大、电流强度不是很高的电路中。以图 9-6 为例，来分析一下三端稳压器为什么会这样。

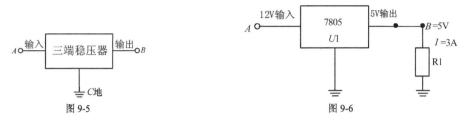

图 9-5　　　　　　　　　　　　　　图 9-6

电路模型介绍：电源电压 A 点为 12V 输入，U1 为三端稳压器 7805，可以看到，它是一只输出电压为 5V 的三端稳压器，用电器 R1 的标称电压为 5V，额定电流为 3A。

下面来分析一下这个电路的状态，首先，用电器 R1 的工作电压为 5V，工作电流为 3A，因此根据功率的计算公式 $P=UI$，可以计算出用电器消耗的功率为 15W，接下来计算一下三端稳压器消耗的功率情况。

三端稳压器左端的电压为 12V，右端为 5V，因此它两端的电压 V1=7V。由于三端稳压器和用电器 R1 串联，根据串联电路的特性，电流强度处处相等，因此流过用电器 R1 的电流为 3A，同样，流过三端稳压器 U_1 的电流也为 3A，由此我们可以计算出三端稳压器在这个电路中消耗的功率 $P=UI$=21W。

由以上分析可以看到，用电器有用的功率为 15W，而三端稳压器消耗的功率是 21W，要知道，三端稳压器消耗的功率是完全浪费的，并且会产生很大的热量，还要进行散热。换句话说，电源提供了 36W 的功率，其中只有 15W 有用，21W 浪费，是不是非常不合理？举个例子来说，你去饭店吃饭，点了 200 元的菜，只让你吃 50 元的菜，剩余 150 元的菜倒掉，这样举例你理解了吗？

三端稳压器的最佳使用场所是电压跨度小，电流又不高，对稳压要求又不是很精密的简易电路中。如果电压跨度大，电流大，此时还是要采用开关电源比较合适，开关电源将在后面的其他科目中详细讲到。

图 9-7

早期笔记本电脑主板中的待机电路也采用三端稳压器，如图 9-7 所示，它虽然电压跨度大，但是它的电流很小，因此还是可以采用的。

19V 的适配器电压加到三端稳压器的 A 点，三端稳压器的 B 点输出笔记本 EC 需要的 3.3V 供电，EC 的待机电流为 0.02A，由此可以计算三端稳压器消耗的功率为 0.314W。可以看到，这个电路中，虽然电压跨度大，但由于电流很小，仍然可以采用三端稳压器降压。

9.3 三端稳压器的测量

三端稳压器的测量可以用万用表的蜂鸣挡先进行粗略的测量，如果有击穿现象或者开路现象，则可以肯定三端稳压器是坏的。但反过来是不能成立的，也就是说，用万用表的蜂鸣挡去测量三端稳压器，如果没有击穿或者开路现象，并不代表它就一定是好的。

三端稳压器的精确判断方法是加电测试，也就是说，将地线接好，给输入端一个高于输出端的输入电压，如果三端稳压器能正常输出它该输出的电压值，就证明它是好的！

核心技术总结

三端稳压器最佳的使用环境是电压跨度小、电流小、对稳压要求不是很高的一般电子设备中电压跨度和电流值有一个小也可以，如电压跨度虽然大，但是电流很小，或者电流虽然很大，电压跨度很小，也可以勉强采用。

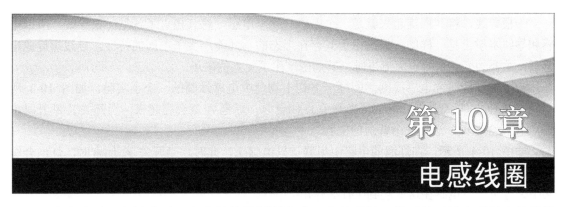

第 10 章

电感线圈

当电流流过一段导线时，会在导线的周围产生一定的磁场，并对处于这个磁场中的导线产生作用，这个现象称为电磁感应。为了加强电磁感应现象，人们常将绝缘的导线绕成一个线圈，这个线圈就称为电感线圈，通常简称为电感。

10.1 电感线圈的识别

用漆包线或纱包线围绕一个绝缘体或磁芯一圈一圈绕起来，就形成了一个电感，如果将电感中插入磁棒，其电感量会显著增加。如图 10-1 所示，A 为一根导线，将其螺旋起来，就变成了电感线圈 B。

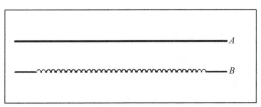

图 10-1

常见电感线圈的实物如图 10-2 所示。这里有形形色色的电感，它们的规格、外形各不相同，但是它们的结构基本一样，那就是用线圈绕起来，根据不同的电感量要求，有的圈数多，有的圈数少，有的体积大，有的体积小。

图 10-2

一根导线，将其螺旋起来就是一个电感；一个电感，将其拉直了就是一根导线，所以电感和导线本质上是一样的，只是由于其存在形态的不同而产生了不同的特性。导线螺旋成电感后，主要的变化是有电流流过时，其周围产生了更强的磁场。

为了更好地研究电感线圈，回顾一下初中物理中电感线圈的一个小实验，如图 10-3 所示。电源 EC，开关 K，灯泡 A，当开关 K 闭合时，灯泡 A 就会亮起来，当开关 K 断开时，灯泡 A 就会熄灭，这是一个普通的实验。

如图 10-4 所示，在灯泡的电路中串联一只电感 L，此时，当开关 K 闭合时，灯泡会缓慢亮起来，然后逐渐达到最高亮度；当开关 K 断开时，灯泡会先突然亮一下，然后再熄灭。接下来分析一下电感在这里起到了什么作用。

图 10-3　　　　　　　　　　　　　　图 10-4

在分析电感线圈在电路中所起的作用之前，先讲一下电感线圈的两个特性，结合这两个特性，再研究下面的电路会水到渠成。

电感线圈特性

- 电感线圈中有电流通过时，在其周围会产生磁场，并且电流越大，磁场就越强，这是一种储能过程；当电感线圈中电流消失时，它储存的能量会向外释放，当电流完全消失时，它存储的磁能会完全释放。
- 当电感线圈中电流或磁场发生改变时，无论是增加还是减小，它都会产生感应电压，该感应电压会阻碍电感线圈中电流或磁场的变化，该感应电压的大小取决于电流或者磁场的变化量。

结合图 10-4，来分析一下这个电路的结构。当开关 K 断开时，整个电路中没有电流，灯泡不亮。当开关 K 闭合时，有一股电流从电源的正极出发，经过闭合的开关 K，经过电感 L，流过灯泡 A，回到电源的负极，使灯泡发出正常的亮光。

但是，由于电路中串联了一只电感，所以，这个电流的流动就没有这么顺利了。当开关 K 断开时，电感线圈中原本没有电流，当开关 K 闭合时，电感线圈中瞬间有了电流，在电感线圈中电流将会有一个比较大的变化量，这个变化量促使电感线圈会产生一个左正右负的感应电压，来阻碍流过电感线圈中电流的变化。

一方面是电源的电流要经过，另一方面是电感线圈产生的感应电压阻碍它通过，因此，在这两个"力"的作用下，由于电源是能量的中心，而电感线圈产生的感应电压只是电流变化量的结果，因此这个感应电压只能会减缓电流的通过，使电流的变化量越来越小，使灯泡慢慢亮起来。基于以上分析，电感线圈只能是阻碍电流的通过，而不是阻止。

当灯泡缓慢亮起来以后，整个电路中的电流达到最高时，灯泡达到最高的亮度，电路中的电流稳定在该有的电流值上，此时，电路中电流的变化量为 0，同时电感线圈产生的感应电压也为 0。但此时，由于电感线圈中是有电流的，在电感线圈周围会存在一定的磁场，整

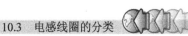

个电路稳定在当前的状态。

当开关 K 断开时，此时，由右向左的电流瞬间要减为 0，由于电感线圈中电流的突变，磁场要完全释放，因此，根据它的特性，它会产生一个左负右正的感应电压来阻碍电流的减小，此时，刚才储存的磁能将瞬间向外释放，叠加在灯泡还没有来得及熄灭的正常亮度之上，因此会出现灯泡先突然一亮，但由于开关 K 已断开，能量中心被切断，因此灯泡完全灭掉只是时间问题，电感线圈在这里所起的作用只是减缓灯泡的熄灭。

综合以上分析，当灯泡要亮时，电感线圈会阻碍它亮起来，当灯泡要熄灭时，电感线圈又阻碍它熄灭，所以可以把电感线圈的这种特性总结为 8 个字：来则拒之，去则留之。

通过以上分析，还可以看到，电感线圈对电流变化很敏感，也很反感，它不喜欢来回变，它喜欢不变，因此，电感线圈对交流电有阻碍，对直流电放行，因此，很多人形容电感线圈的特性时也用 4 个字，即"通直隔交"。

10.2 电感线圈的表示符号及单位

电感线圈的表示符号为 L，如果在一个电路板上看到一个元件，它周围标有 L×××，就证明它是一只电感线圈。

电感线圈的单位是亨，表示符号为 H。亨是一个比较大的电感单位，比亨小的还有毫亨（mH）和微亨（μH），它们之间是 10^3 关系，也就是说，1H=1000 mH，1mH=1000 μH。如果电路中有个电感，标有 L11，如图 10-5 所示，则代表这个电感是这个电路中的第 11 个电感。

图 10-5

10.3 电感线圈的分类

从维修实用的角度出发，电感线圈可以分为空心电感和实心电感，空心电感指把导线做成电感，而中间并没有磁芯。图 10-6 所示的电感都是空心电感，空心电感的电感量一般都不会太大。

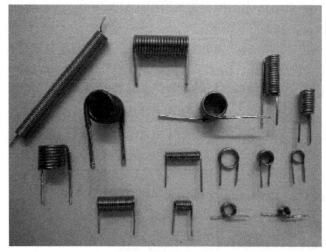

图 10-6

实心电感是指电感线圈做好后，为了提高其电感量，在其内部插入一个磁芯，如图 10-7 所示，可以看到，这些电感的内部都带有磁棒。

图 10-7

为了使电感线圈能够承受不同的电流，电感线圈的线径也有粗细之分。电感线径粗的，能够承受更多的电流；线径细的，只能承受一般的电流大小。线径粗的电感可以替代线径细的，反之则不可以。

如果电感损坏，圈数不是很多的话，可以将其扯开重绕，但需要注意线圈的匝数及绕向，不得弄错，否则会影响其性能。

10.4 实际电路板中常见的电感线圈

为了能够让大家对电感线圈有一定的认识，我们总结了维修中常见的电感图片，供大家了解。图 10-8 所示为笔记本电脑主板中最常见的电感，电感上面标有 3R8，意思是这个电感的感抗值是 3.8 μH。

图 10-8

图 10-9 所示为笔记本电脑主板中不是很常见的一种电感，它有 3 只引脚，不过有两只是连在一起的，所以有用的脚还是两只，它和普通电感的区别只是多了一个脚固定，其他没有任何区别，只要掌握了它的原理，代换就非常简单。

图 10-9

图 10-10 所示为台式机 12V 单独供电的滤波电感，它的圈数很少，只有 6 圈电感，但可以看到，它的线径很粗，这说明它正常工作时，流过它的电流一定很大。主板中的 CPU 是功率比较大的，它又是 12V 给 CPU 供电芯片提供主供电的电感，因此，流过它的电流肯定比较大，这个电感一般没有坏的。

图 10-11 所示为台式机主板 CPU 供电电路中的储能电感，它的作用是将电源送过来的 12V 电压，通过电源管理芯片和 MOS 管的开关作用，从而在这些电感上完成储能、释能的过程，以达到稳定和调节 CPU 供电电压的目的。采用多个电感并联是为了提高其能提供给 CPU 的供电电流。

图 10-10

图 10-11

图 10-12 所示为后期生产的台式机主板 CPU 供电中的储能电感，可以看到，它与上面电感的不同之处在于它是封闭式电感，在外部看不到电感线圈，这样显得更高档，同时也更稳固。

图 10-12

图 10-13 所示为台式机主板中的总线供电电感，可以看到，这个电感的匝数比较少，线径粗。可以判断，它的感抗应该不大，但是它允许通过的电流一定很大，虽然线圈匝数不多，但由于它是一个实心电感，所以电感量还是较大的。这种电感实际维修中也没有遇到过坏的，有些发热很严重，表面烧的很黄，也没有损坏，这和它能够承受很大的电流有直接关系。

图 10-13

　　图 10-14 所示为台式机电源中后级直流输出端的电感，可以看到，它既是实心电感，线径又比较粗，并且匝数又比较多，可见，它既具有较大的感抗，又能允许通过较大的电流，因此常用来做台式机电源直流输出端的滤波作用，如 12V 滤波等。

图 10-14

　　图 10-15 所示为液晶显示器中 12V 去往高压板的电路中常加的一个只滤波电感，可以看到，这只电感线径比较粗，匝数相对不是很多，带磁芯，可以判断出它侧重于可以允许通过比较大的电流。

图 10-15

　　图 10-16 所示为 220V 交流电经过的途中所加的滤波电感，它的外观有点脱离了电感的感觉，这是因为 220V 交流电的两根线都需要滤波，因此将两只电感做在了一起，它有 4 个引脚，其中 2 个引脚一组，分别给 220V 交流电的两根线滤波。可以看到，这个电感的线径也比较粗，说明它允许通过的电流也是比较大的。

图 10-16

10.5　电感线圈的测量

　　严格来讲，电感线圈应该用电感测试仪去测试其电感量，电感测试仪实物如图 10-17 所示。电感测试仪价格比较昂贵，并且在维修中的实用性也不是很高，所以，一般情况下，都是用万用表的蜂鸣挡去测量一下它是否通，只要通，一般就认为是好的，因为电感线圈拉直了就是根导线，所以它的通与不通是比较关键的测试点。

　　有些高档一点的万用表，也支持电感测试，条件允许的话，可以买一个带电感测试功能的万用表，不过这个意义不是很大。

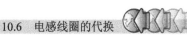

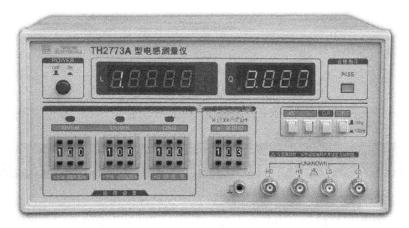

图 10-17

如果当测量到一个电感的两端直接不通时,那么这个电感就肯定损坏了,当测量到一个电感两端通时,一般情况下这个电感是好的,但是也不是绝对,因为电感有匝间短路的可能,如图 10-18 所示。一只电感线圈,它有很多圈,每圈之间都是独立的,如果由于电感发热,导致绝缘材料破损,相邻的几圈或者多圈就会短接在一起,那么此时去测量电感的两端,它也是通的,但是由于很多圈短接在了一起,因此它已变成了一根导线的特性,而不再是一个电感。

图 10-18

10.6　电感线圈的代换

核心技术总结

电感线圈损坏后,代换时要注意以下 3 点。
- 电感量要和原来一致。
- 允许通过的电流能力要不低于原来的电流值。
- 体积上要选择方便安装的。

第 11 章
门电路与比较器、运算放大器

门电路又称为逻辑电路，所谓的逻辑，就是一定的规则，如借钱要还，这就是规则；如果借了钱不还，就可以说这个事不符合逻辑。所以，有时候门电路又称为逻辑门电路，门电路是数字电路中最基本的单元，它主要由 1 路或者多路输入，然后有 1 路输出，输出的高与低，代表了二进制数字电路中的 1 和 0。运算放大器主要用来做信号比较，然后通过运算和放大输出结果，本章将逐一详细介绍。

11.1 门电路

门电路是数字电路中的逻辑门电路，常见的门电路主要有与门、或门、非门、跟随器、与非门、或非门等几种。

11.1.1 与门

与门是只有输入端同时为高电平时，才会有结果的高电平输出，如图 11-1 所示，当 A、B 都为高电平 1 时，C 才会输出高电平 1。可以把与门看成一只电源插头，只有把两个脚同时插上，才会有电。

与门电路还可以比喻成两个串联在一起的开关，如图 11-2 所示，很明显，只有 K1、K2 同时闭合时，灯泡 A 才会发光。

图 11-1

图 11-2

与门的 A、B 和 C 之间的关系如图 11-3 所示，可以看到，当 A、B 都为 0 时，C 为 0；当 A、B 其中任何一个为 0 时，则 C 为 0，当 A、B 同时为 1 时，C 为 1。

与门的典型应用是在笔记本电脑主板中的 CPU PG（电源好信号）电路中，CPU 的 PG 是在它前面所有其他电路中的 PG 信号都正常后，北桥才会将它们相与后发出 CPU 的 PG，如图 11-4 所示。关于它的原理，会在笔记本电脑芯片级维修课程中详细介绍。

A	B	C
0	0	0
0	1	0
1	0	0
1	1	1

图 11-3

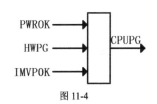

图 11-4

11.1.2 或门

或门是输入条件中，只要有一个为高电平，结果就会输出高电平，如图 11-5 所示，当 A、B 中有其中一个条件为 1 时，C 就会输出 1。

或门可以比喻成两个并联在一起的开关，如图 11-6 所示，可以看到，只要开关 K1 和 K2 任何一个闭合后，灯泡 A 就可以发光。

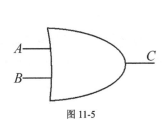

图 11-5

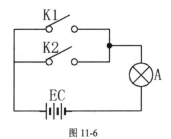

图 11-6

或门的 A、B、C 之间的关系如图 11-7 所示，当 A、B 都为 0 时，C 为 0；当 A、B 中有任何一个为 1 时，C 输出则为 1；当 A、B 都为 1 时，C 输出肯定也为 1。

或门在笔记本电脑主板中可以用在温控掉电电路中，从主板的 CPU 后面、显卡后面、北桥后面，分别加到或门电路中，当以上 3 个温度任何一个超过设定值时，都会使整机掉电。

A	B	C
0	0	0
1	0	1
0	1	1
1	1	1

图 11-7

11.1.3 非门

非门是当输入端条件为高时，输出结果却为低；当输入端条件为低时，输出端结果却为高，如图 11-8 所示，A 为输入端，B 为供电端，C 为输出端，当 A 为 1 时，C 反而为 0；而当 A 为 0 时，C 反而为 1。

非门的 A、C 之间的关系如图 11-9 所示，可以看到，当 A 为 0 时，C 为 1；当 A 为 1 时，C 为 0。非门电路又称为反向器，它可以用来实现信号倒置。

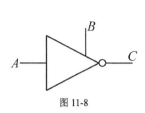

图 11-8

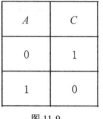

图 11-9

A	C
0	1
1	0

11.1.4　跟随器

跟随器的工作原理是当输入端条件为高时，输出端结果为高；当输入条件为低时，输出端结果为低，如图 11-10 所示，当 A 为 0 时，C 为 0；当 A 为 1 时，C 为 1。

跟随器的 A、C 之间的关系如图 11-11 所示，可以看到，当 A 为 0 时，C 为 0；当 A 为 1 时，C 也为 1。

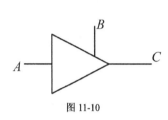

图 11-10

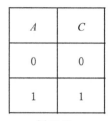

图 11-11

A	C
0	0
1	1

跟随器在笔记本中主要用在 VGA 接口附近，起信号的传递作用，它的最大好处是可以用来进行信号隔离，也就是输出端如果有短路或者其他异常，可以防止其不正常的电压或者信号倒串到主板内部。

11.1.5　与非门

与非门就是与门的反结果，与门是 A、B 都为高时，输出端 C 才为高，而与非门正好与它相反，当 A、B 都为高时，输出端 C 反而为低；当输入端 A、B 都为低或者其中一个为低时，输出端 C 反而为高，如图 11-12 所示。

与非门 A、B 与 C 之间的关系如图 11-13 所示，可以看到，当 A、B 都为 0 或 A、B 任何一个为 0 时，C 为 1；当 A、B 都为 1 时，C 为 0。

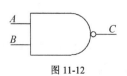

图 11-12

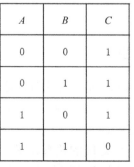

图 11-13

A	B	C
0	0	1
0	1	1
1	0	1
1	1	0

11.1.6 或非门

或非门是或门的反结果，在或门中，当 A、B 都为高或者其中任何一个为高时，输出端 C 即为高，或非门与其相反后，当 A、B 都为高或者其中任何一个为高时，输出端为低；当 A、B 都为低时，输出端 C 为高，电路图的表示符号如图 11-14 所示，

或非门中 A、B 与 C 的关系如图 11-15 所示，可以看到，当 A、B 中都为 1 或者其任何一个为 1 时，输出端 C 为 0；当 A、B 都为 0 时，输出端 C 为 1。

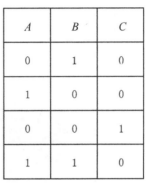

A	B	C
0	1	0
1	0	0
0	0	1
1	1	0

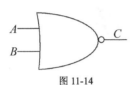

图 11-14

图 11-15

11.2 比较器与运算放大器

很多人认为比较器就是运算放大器，它们之间确实有很多相同的地方，但并不是完全一样的，接下来详细介绍一下，让大家了解它们的区别与联系。

11.2.1 比较器与运算放大器的基本知识

比较器的符号如图 11-16 所示，可以看到，一个比较器有同相输入端和反相输入端，有供电 V+和地线以及输出端 A。当同相输入端大于反相输入端时，A 点开路输出，呈现高阻态，也就是数字电路里的 1；当同相输入端小于反相输入端时，A 点对地短路，相当于数字电路里的 0，一般情况下，会把反相输入端设置一个固定值，然后将同相输入端和其相对比，从而通过输出端 A 输出对比结果。

常见的比较器型号有 LM358、LM339 等，LM358 是内部集成双比较器的一个集成电路，其内部构造如图 11-17 所示，可以看到，8 脚接供电，4 脚接地，其中 1、2、3 脚是其中一个比较器，3 脚为同相输入端，2 脚为反相输入端，1 脚为输出端，工作时，3 脚和 2 脚相比，通过 1 脚输出结果。5、6、7 为第二个比较器，5 脚为同相输入端，6 脚为反相输入端，7 脚为输出端，5 脚和 6 脚对比，7 脚为输出端，只要掌握了一个比较器的原理，它里面就算包含再多的比较器，原理也都是完全一样的。

LM339 的实物如图 11-18 所示，这是一个集成 4 路比较器的集成电路，不管是 4 路还是 8 路，内部都是单独的比较器。

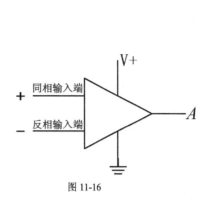

图 11-16

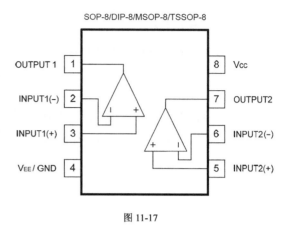

图 11-17

图 11-18

　　LM339 的内部结构如图 11-19 所示，可以看到，3 脚为供电，12 脚为地线，其他脚分别连接了内部的 4 个比较器，大家可以自行分析一下。

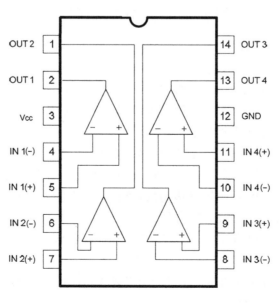

图 11-19

比较器的实际应用在后续学习各种电子产品的维修中会详细介绍，这里简单介绍一下比较器在笔记本电脑主板中对电源适配器电压检测的一种应用。

图 11-20 所示为一个笔记本电脑适配器检测电路，VIN 为 19V 适配器供电，R1、R2 分压后通过 R3 送入比较器的同相输入端，比较器的反相输入端接的是 BIOS 电池的固定 3V，用来做基准电压，比较器的供电采用 VIN，比较器输出端 VIN 通过电阻 R5、R6 串联以获得当比较器输出端开路时为后级提供高电压。

工作原理分析：VIN 通过电阻 R1、R2 分压后，根据串联分压原理，如果 VIN 为 19V，可以计算出分压后进入比较器同相输入端的电压为 3.8V，同相输入端的 3.8V 会大于反相输入端的 3V，因此，比较器输出端会成开路状态，VIN 通过 R5 和 R6 的分压，为后极电路提供一个高电压 ACIN，以代表适配器的正常。

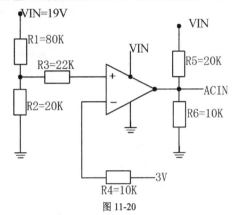

图 11-20

当比较器的同相输入端电压小于 3V 时，比较器此时由于同相输入端电压小于反相输入端电压，因此，比较器发生跳转，输出端对地短路，ACIN 为低电平，代表适配器不正常，或者没有插入适配器。

计算一下，当适配器的电压为多少时，比较器的同相输入端会低于 3V。根据计算，VIN 为 15V，也就说，适配器的电压正常为 19V，当电压低于 15V 时，笔记本电脑就认为适配器电压不正常或者没有插入适配器，也正是基于这个原因，用数字电源修笔记本时，一般将其电压调到 17～19V 即可，没必要太精确。

LM324 是四路运算放大器，内部结构如图 11-21 所示，可以看到，4 脚是供电，11 脚是地，其他脚就不要重复了，大家有了前面的经验，一看就知道它是一个四路运算放大器。

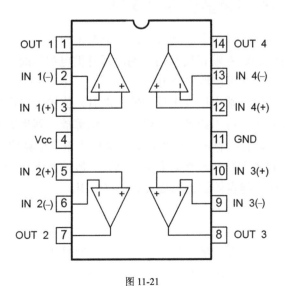

图 11-21

LM324 的实物如图 11-22 所示，可以看到它是一只 14 脚封装的贴片元件。

图 11-22

　　LM324 也有直插引脚式，如图 11-23 所示。贴片式和直插式从本质上来讲没有区别，只是其封装形式不一样，也就是安装的时候不一样，一个是有脚直插到电路板上，另一个是通过热风枪吹到电路板上，应急情况下，贴片和直插可以改一下引脚互换。

图 11-23

11.2.2　比较器与运算放大器的区别

　　比较器与运算放大器的区别很多人都搞不清，下面来介绍一下。比较器和运算放大器的相同之处是，它们都有同相输入端和反相输入端，都有供电和地线，当同相输入端电压小于反相输入端时，输出端都会输出接地的低电平。

　　不同之处是，当同相输入端电压大于反相输入端时，比较器输出的是高阻开路状态，外部要得到高电平，需要有上拉电阻或者分压电阻，而运算放大器当同相输入端电压大于反相输入端时，它的输出端可以直接输出高电平，这个高电平来自运算放大器的供电电压。

　　因此，比较器和运算放大器并没有太多的区别，一般情况下，运算放大器可以直接做比较器使用，而比较器一般不能直接做运算放大器直接使用。

　　核心技术总结

　　门电路就是规则电路，只要熟练掌握了它的规则，对号入座，就会变的很简单；比较器与运算放大器，只要掌握了同相输入端送来的电压大小和反相端提供的基准电压的大小，根据规则进行对比即可。

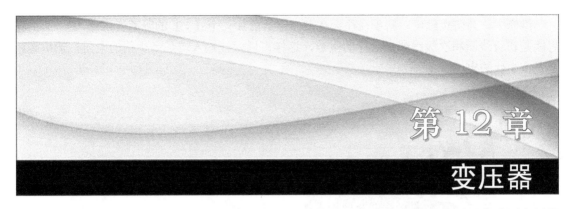

第 12 章

变压器

变压器，顾名思义，就是能够改变电压的一种仪器。变压器有降压变压器和升压变压器两种，一般人们理解的变压器都是由高电压变为低电压，因为这类变压器居多，其实由低电压变为高电压也叫变压器，本章将详细介绍它们。

12.1 变压器的识别

变压器是一种利用电磁感应原理来改变电压的工具，它的主要结构有初级线圈、次级线圈和磁芯等。

常见变压器的实物如图 12-1 所示，可以看到，根据不同电路的需要，变压器有各种外观和构造，但它们都离不开其基本构造，那就是线圈和磁芯。

图 12-1

以上介绍的是小型变压器，大型变压器如图 12-2 所示，它主要用在高压输电网变换中，如村庄里一般都会有一个大型变压器。

变压器的基本工作原理如图 12-3 所示，可以看到，它主要有初级线圈输入端 A、B，次级线圈输出端 C、D，回形磁芯，当输入端 A、B 通入交变电压时，由初级电感线圈产生的交变磁场通过磁芯耦合到次级，在次级 C、D 间就会产生感应电压。可以通过改变初级和次级线圈的匝数比来实现后级电压的升高或者降低。

维修中，为防止触电，新手往往会在被修电器前加一个 1∶1 的隔离变压器，1∶1 的意思就是初级线圈和次级线圈是一样的匝数，这样可以保证输入端是多少伏的电压，输出端就会是多少伏的电压。

图 12-2

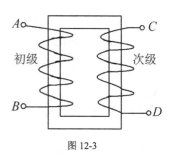

图 12-3

维修用 1∶1 隔离变压器实物如图 12-4 所示，简单来说，就是输入端输入 220V 交流电，由于是 1∶1，在不考虑损耗的前提下，输出端也是 220V。它防触电的原理是前级接的是 220V 交流电，前级触摸一根线就会被电，而后级是感应出来的 220V 交流电，除非你同时触摸了两根线才会被电。

图 12-4

12.2 变压器的分类

变压器的分类有很多，从维修使用的角度出发，可以分为普通电压变换变压器和开关电源变压器，本节将详细介绍它们。

12.2.1 普通电压变换变压器

普通电压变换变压器又叫工频变压器，它是最简单的电压变换变压器，主要用于对电压要求不是很高的场合中。工频变压器应用的原理仅仅是初、次级线圈的匝数比来实现电压的变换。常见的工频变压器如图 12-5 所示，可以看到，它的输入是交流 220V，输出是交流 24V，由于是降压变压器，因此，输入端线圈多，线径细；输出端线圈少，线径粗。

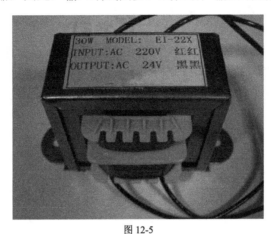

图 12-5

12.2.2 开关电源变压器

开关电源具有体积小、重量轻、转换效率高、电路设计简单等众多优点，因此目前在电子类产品供电中被广泛采用。大到贵重仪器仪表，小到普通的手机充电器，都采用了开关电源变压器。

开关电源变压器的实物如图 12-6 所示，它有很多引脚，其功能在后续培训科目中将进行详细介绍，这里只简单介绍。

开关电源核心原理如图 12-7 所示，可以看到，开关变压器 T 左边为初级线圈，主要包括直流电 V+，初级线圈 L1，开关管 Q1，限流电阻 R1。开关变压器 T 右边为次级线圈，主要包括次级线圈 L2，整流二极管 D1，滤波电容 C1。

图 12-6

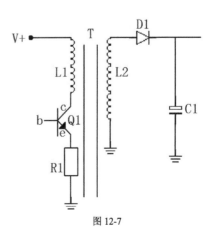

图 12-7

　　其详细的工作原理将在培训视频中介绍，简单来说，开关管工作在开关状态，将 V+通过初级线圈 L1，经过开关管 Q1，经过限流电阻 R1 入地，根据开关管导通的时间占空比不同，使初级线圈中通过的电流时间不同，从而实现其储能大小的不同。当开关管断开时，在由开关管闭合时，初级线圈 L1 储存的能量将瞬间向外释放，从而被后面的二极管整流，在滤波电容 C1 上得到电压，在硬件环境不变的情况下，只要适当调整开关管的导通与截止的比例，就可以得到需要的电压。

核心技术总结

　　变压器其实就是电感线圈和导磁材料的结合产物，无论多么复杂的变压器都离不开这个最基本的结构，变压器能够变压的原理就是利用了电磁感应原理，结合之前电感线圈那一章，再来综合分析一下变压器，你会发现，它是一个比较简单的电子元件。

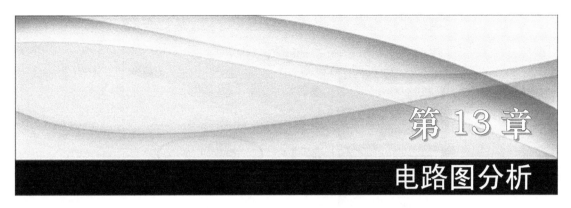

第 13 章

电路图分析

在电子维修行业里有句话叫作"不懂原理，何以谈维修"，还有句话"原理精通，维修轻松"，可见，做电子产品的维修，懂得其原理是非常重要的，而电子产品的原理都是以电路图的形式存在，因此，学会看电路图、分析电路图，是能否成为一名合格的芯片级维修人员所必备的技能。很多维修技术不是很过关的维修人员，他们普遍感觉看电路图困难、看不懂电路图等，本章就带领大家一起学习如何分析、认识电路图。

13.1　看电路图前的准备工作

无论多么复杂的电路图，分析到最后，都是由最基本的电子元件和最基本的电子定律所构成，因此，要想学会看好电路图，首先要对构成电路图的基本元素——电子元件及电子定律有一个全面深入的了解，这些知识在本书第一篇里有过详细的介绍，大家可以回顾一下。

电子产品的电路图一般都是 PDF 格式，有很多学员反应，拿到电路图后，在电脑上却打不开，因此，在分析电路图之前，首先要安装分析电路图所必需的软件（以下简称"看图软件"），同时还要能熟练使用该软件。

13.1.1　看图软件的安装

电路图多为 PDF 文件格式，很多电脑在安装完系统后，系统会自带 PDF 阅读器，但系统自带的软件一般是简化版，它只是能打开电路图，而很多其他功能，如"搜索和查找""放大"等会被软件精减，因此在分析电路图之前，一定要安装一个完整版的看图软件。

常用的看图软件为"Adobe Acrobat 7.0 PRO"，该软件可以从网上下载（也可以联系作者免费索取），版本从 7.0～9.0 都有，教学时一直用的是 7.0，这里以 7.0 的安装为例，介绍一下它的安装方法。

第一步：打开软件所在的目录，找到安装可执行文件，如图 13-1 所示。这是打开软件安装目录后能看到的所有文件，可以看到，那个带有计算机图标的"AcroPro"就是可执行安装文件。

第二步：双击该图标，进行正式的软件安装，首先是安装欢迎界面，如图 13-2 所示，这里直接单击"下一步"按钮即可。

第三步：软件安装时会要求用户选择接受其许可协议，这里直接单击"接受"即可，如图 13-3 所示。

图 13-1

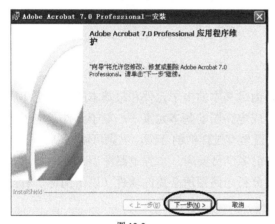

图 13-2

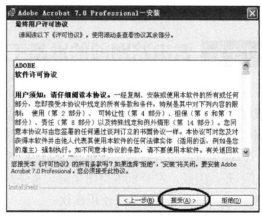

图 13-3

　　第四步：软件会要求你选择要安装的组件。这个软件有很多组件可以进行选择性安装，之前提到的系统里自带的这个软件是"简化版"，既然是完全安装，这里就直接单击"下一步"即可，如图 13-4 所示。

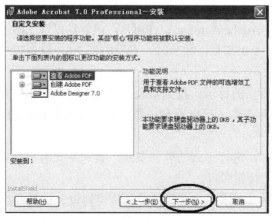

图 13-4

第五步：找到软件的序列号所在的位置，如图 13-5 所示，软件安装包的最后一个文本文件"序列号"，这里有安装软件所必需的序列号。

第六步：将序列号复制到图 13-6 所示的对话框里，如果复制不过去，可以把序列号抄下来，手工填上去。

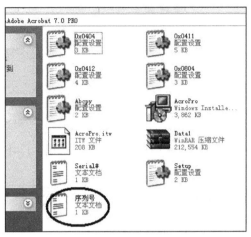

图 13-5

图 13-6

第七步：输好序列号后如图 13-7 所示，此时应仔细核对一下输入的序列号和文本文件里的序列号是否完全一致，不可有任何一个字母的差错，否则是安装不上的。

第八步：软件会让你选择安装在电脑的哪个盘里，默认是直接安装在 C 盘里，如图 13-8 所示。这里可以根据自己的习惯改变一下路径，如改成安装在 D 盘里，也可以不用管它，直接单击"下一步"。

图 13-7

图 13-8

第九步：到这步为止人为可参与选择的部分就结束了，系统已做好安装程序的所有准备工作，向导准备开始正式安装，此时只需要单击"安装"按钮就可以了，如图 13-9 所示。

第十步：软件在自动安装的过程中，根据电脑配置的不同，可能需要 1～2min 的时间，此时应注意观察屏幕，不得有报错的情况发生，软件安装进度条会不停地向右增加，如图 13-10 所示，等进度条走完后，即完成安装过程。

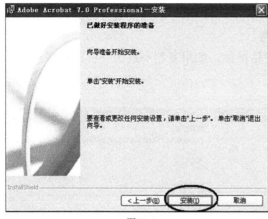
图 13-9

图 13-10

第十一步：如果安装顺利的话，软件安装完成后会弹出安装完成的对话框，如图 13-11 所示，此时单击"完成"按钮即可完成安装。

软件成功安装完成后，会在电脑桌面上自动生成一个软件图标，如图 13-12 所示，图中 "Adobe Acrobat"就是刚刚安装成功的软件。

图 13-11

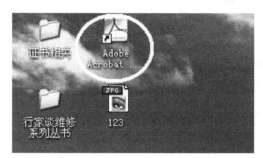
图 13-12

第一次打开软件时，软件可能会要求你进行注册，如图 13-13 所示，只需要选择第三项

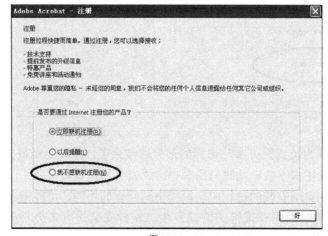
图 13-13

"我不想联机注册",再单击"好"就可以了。通过页面上的提示可以看到,注册后只是接收一些产品的新信息,并没有实际意义,并且注册可能还要收费,因此,注册和不注册对软件的使用并没有直接影响,因此就没有必要去注册了。

软件打开后的主界面如图 13-14 所示,这是一个纯中文菜单的界面,上面每个按钮的功能均一目了然,大家以后做维修、看电路图,会经常用到这个软件。

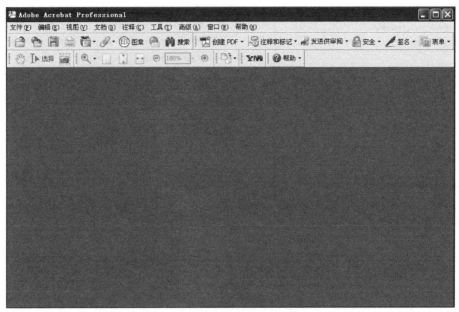

图 13-14

13.1.2 使用软件打开电路图文件的方法

软件安装成功后,正常情况下,电路图文件会被看图软件正常识别到,同时看图软件也能自动识别到它所能打开的电路图格式的文件,当电路图文件被软件识别到,电路图的文件图标就会变成带有"PDF"标志的文件,如图 13-15 所示。

如果电路图文件没有被软件识别到,则电路图文件会出现如图 13-16 所示的图标。

图 13-15

图 13-16

此时可以用鼠标选中该文件，然后单击右键，选择文件的打开方式为"Adobe Acrobat 7.0"，然后将最下面的"始终使用选择的程序打开这种文件"前的对话框打勾，单击"确定"按钮即可，如图 13-17 所示。

经过这样操作以后，刚才不能打开的电路图文件就可以正常打开了，如图 13-18 所示。可以看到，该电路图已可以被软件正常识别，并且可以正常打开。

图 13-17

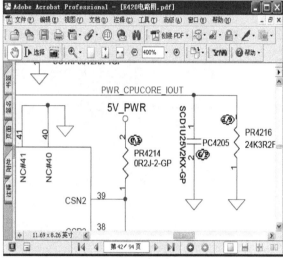

图 13-18

还有一种方法也可以打开电路图，只需要操作三步即可。

第一步：在软件的最左上方，选择"文件"，然后再选择"打开"，如图 13-19 所示。

第二步：选择电路图文件所在的位置，如图 13-20 所示，找到电路图在电脑中的位置，并选中它。

图 13-19

图 13-20

第三步：选择一个要打开的电路图，如图 13-21 所示，然后单击"打开"按钮，电路图会自动被软件所打开。

以上是几种使用软件打开电路图的常用方法，大家可以找些电路图，打开实验一下，觉得哪种方式适合就用哪种方式。

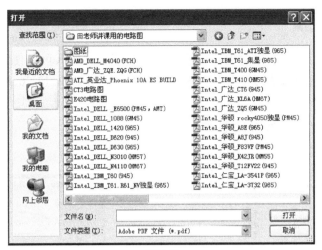

图 13-21

13.1.3 看图软件的使用技巧

之前介绍过，看图软件的界面是全中文的，大家可以摸索一下每个按钮的功能，接下来重点介绍几个用的比较多的功能。

1. 页数显示及选择

一张电子产品的电路图，在使用看图软件正常打开后，在软件的最下方会显示该电路图一共有多少页以及目前所在的页码，如图 13-22 所示。可以看到，这张电路图一共 44 页，目前图中的位置是第 14 页。

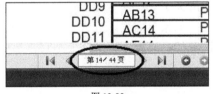

如果想快速跳转到其中的某个特定页，只需要在这个地方输入想进入的页码，然后按回车键就可以了。

图 13-22

如想快速进入电路图的第 20 页，此时只需要在页码框里输入"20"，如图 13-23 所示。再按回车键，此时该电路图的第 20 页就会立即被显示出来，如图 13-24 所示。

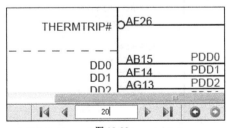

图 13-23

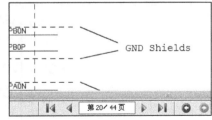

图 13-24

2. 手形工具

手形工具是该软件中比较常用的一个工具，主要用来在屏幕上移动电路图，用鼠标左键单击一下手形工具，此时电路图就可以任意拖动，如图 13-25 所示。

3. 放大与缩小功能

放大与缩小功能主要用来对电路图进行放大和缩小，放大可以使元件及走线看得更清楚，缩小可以使该电路的结构轮廓看得更清楚，分别单击如图 13-26 所示的"－"和"＋"号，可以将电路图缩小或者放大。

图 13-25

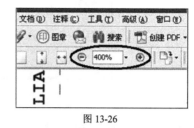

图 13-26

4. 搜索功能

搜索功能在这个软件中是一个非常实用又常用的功能，搜索功能位于放大与缩小功能的正上方，如图 13-27 所示。

单击软件中的"搜索"，会出现图 13-28 所示的界面，这时只需要在"您要搜索哪些单词或者短语？"对话框内输入要搜索的元件编号或者信号名称即可。这里需要提醒的是，输入的文字一定要完全正确，一个单词中错一个字母，都有可能搜索不到。

如果下面"区分大小写"前的方框内打了勾，还要区分大小写；如果没打勾，是不需要区分的。建议不要区分大小写，那样搜索起来太麻烦。

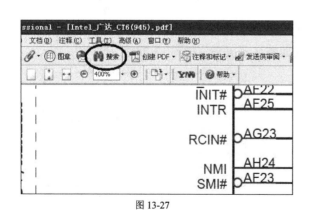

图 13-27

图 13-28

搜索功能主要分为两部分应用，一部分是实际电路板中的元件在电路图中搜索，另一部分是电路图中的元件或电压或信号在该电路图中的搜索。

如在电路板上有一个元件 PR162，如图 13-29 所示，可以看到，这是一个 22Ω的（根据电阻阻值的三位数标法，"220"代表 22Ω）电阻。

图 13-29

单击软件的搜索按钮，会在屏幕右边弹出搜索对话框，然后输入"PR162"，如图 13-30 所示。单击搜索对话框框下面的"搜索"按钮，如图 13-31 所示，可以看到，已经找到了一个 PR162 的电阻。

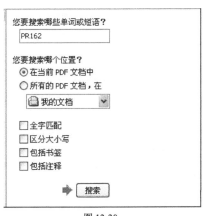

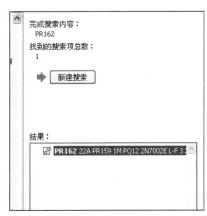

图 13-30

图 13-31

同时在该页面的主屏幕上还可以看到，已经找到的电路板实物中阻值为 22Ω 的 PR162 电阻，它在电路图中的阻值果然是 22Ω，如图 13-32 所示。

再如实际电路板中有个电容，其编号为"C365"，如图 13-33 所示。这是一个有极性的电容，通过这个电容的体积来看，它的容量应该至少也有 100μF。

单击看图软件中的搜索按扭，输入"C365"，单击搜索对话框下面的"搜索"按钮，可以看到图 13-34 所示的搜索结果。

通过电路图可以看到，该电容是一个 150μF 的有极性电容，如图 13-35 所示。

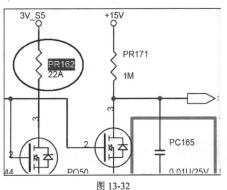

图 13-32

以上所找的元件，在实际电路板或者电路图中都具有唯一性，也就是说无论是 PR162 电阻还是 C365 电容，在实际主板或者电路图中都只有 1 个，它们之所以具有唯一性，是因为它们都是元件，但如果是电压或者信号那就不一定了。

图 13-33

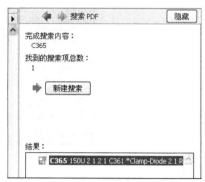

图 13-34

如图 13-36 所示，假如电路中有个 5VPCU 电压不正常，此时，就要通过电路图来分析这个电压的来源，然后再来分析它为什么不正常。

在看图软件中单击搜索按钮，在弹出的搜索对话框中输入"5VPCU"，然后单击"确定"按钮，如图 13-37 所示，可以看到，搜索到的内容有 20 条之多，图中只截取了其中的一部分，这些都是和 5VPCU 有关的电路，任何一个地方出现了问题，均可导致该电压不正常，此时，就要一一进行排除。

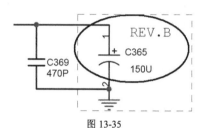

图 13-35

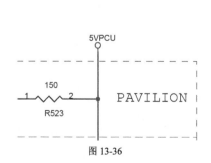

图 13-36

图 13-37

13.2　在电路图中识别各种电子元件

关于构成电路最基本的电子元件，如电阻、电容、二极管、三极管、场效应管、电感线圈、晶振、三端稳压器、门电路等元件，在之前的章节中已经对这些电子元件的各方面参数做过全面的讲解，因此本节只介绍它们在电路图中的存在形式，不再对其他参数进行讲解。

13.2.1　识别电路图中的电阻

电阻在电路图中一般用"R"来表示，也就是说，当在电路图中看到一个元件，它的编号为"Rxxx"，就证明该元件是一个电阻。以作用来划分，电阻在电路图中主要分为普通电阻、排阻、0 欧姆电阻和保险电阻 4 类。

1．普通电阻

普通电阻在电路图中是最常见的电阻，如图 13-38 所示，这里的 R371、R174、R364、R172 均为普通电阻，根据电路的不同设计，电阻在这里起了其特定的作用，图中电阻的作用为分压，大家回顾一下前面讲过的内容。

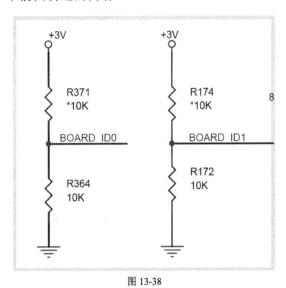

图 13-38

2．排阻

排阻是 2 个或 2 个以上的电阻按一定的规则封装在一起的电子元件，多用在信号部分的电路中，当某个电路中需要多个相同的电阻时，经常会使用排阻，如图 13-39 所示，RP1、RP20、RP14 均为排阻，其内部均有 2 个并排的电阻，通过后面的"56×2"还可以得知，每个排阻的内部是 2 个 56Ω 的电阻。

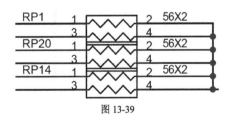

图 13-39

3．零欧姆电阻

零欧姆电阻在电路中主要起跳线的作用。在实际的电路板中，同一个平面的电路，其导线是不可以交叉通过的，但是如果遇到了两条导线不得不交叉的情况就需要在其中一条导线上安装一个零欧姆电阻，而另一条导线则在该电阻的下部正常通过，解决了两条导线的交叉问题。

零欧姆电阻在电路图中如图 13-40 所示，图中的 R245、R247 均为零欧姆电阻，它们的后面均带有 "0" 字样，代表其阻值为 0Ω。

4. 保险电阻

保险电阻在电路中主要起保险作用，首先它的阻值是 0，其次它具有保险作用，它的性质和保险丝很类似。如图 13-41 所示，R29 即为一个保险电阻，其后面的标称为 "0/F"，其中 "0" 代表其阻值为零欧姆，"F" 代表它具有保险作用，保险丝在电路中就是用 "F" 来表示。

通过以上分析可知，保险电阻其实就是一个零欧姆电阻再加一个保险丝的功能，保险电阻可以代替零欧姆电阻（需根据电路中的电流选择合适的保险电阻），而零欧姆电阻不可以代替保险电阻。

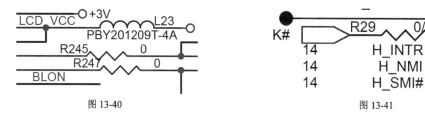

图 13-40   图 13-41

13.2.2　识别电路图中的电容

电容在电路图用 "C" 来表示，也就是说，当在电路图中看到一个元件，它的编号为 "C×××"，就证明该元件是一个电容。以存在类型来划分，电容在电路图中主要分为有极性电容和无极性电容两种，其中有极性电容一般容量比较大，而无极性电容则相对容量比较小。

1. 有极性电容

有极性电容如图 13-42 所示，PC178、PC116、PC117、PC115 均属于有极性电容，它们的一端接 1.8VSUS 供电端，另一端接地，容量分别为 220 μF、470 μF 等。

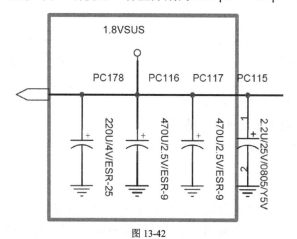

图 13-42

2. 无极性电容

无极性电容如图 13-43 所示，C135、C90、C136、C134、C91、C119 等均为无极性电容，这些均是容量为 0.1 μF 的电容，容量很小。

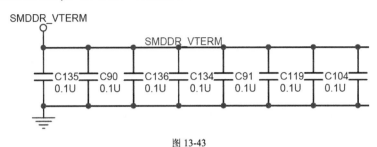

图 13-43

13.2.3　在电路图中识别二极管

二极管在电路图中用"D"表示，电路图中的元件编号为"D×××"，就证明该元件是一个二极管。根据其类型不同，二极管在电路中主要分为普通二极管和稳压二极管两种。

1. 普通二极管

普通二极管如图 13-44 所示，PD8 是一个普通二极管，"PD"中的 P 在这里没有任何意义，该电路图中所有二极管前面均带有"P"这个字母，这应该是设计电路图的技术人员自行加上的符号，以用来进行区分。

2. 稳压二极管

稳压二极管如图 13-45 所示，PD4 和 PD6 是两只稳压二极管，其中 PD4 和 PD6 的稳压值均为 5.6V，稳压二极管和普通二极管在图中的形状是不一样的，普通二极管的负极是一个直横线，而稳压二极管的负极则不是。

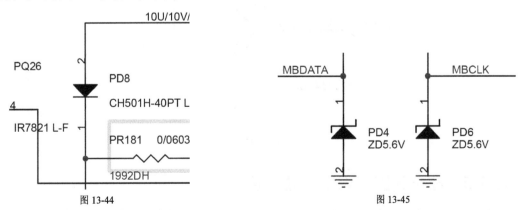

图 13-44　　　　　　　　　　　　　　图 13-45

13.2.4　在电路图中识别三极管

三极管在电路图中用"Q"来表示，根据其类型不同，三极管可以分为普通型三极管和数字式（内部带电阻）三极管两种。

1. 普通型三极管

普通型三极管如图 13-46 所示，Q901 和 Q902 为两只普通型三极管，其中 Q901 为 PNP 型三极管，Q902 为 NPN 型三极管。

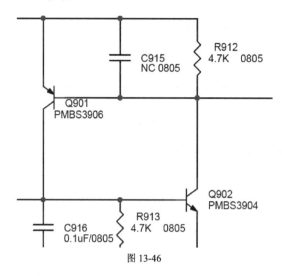

图 13-46

2. 数字式三极管

数字式三极管如图 13-47 所示，PQ42 为一只数字式三极管，它的内部带有 2 只电阻，这里的"PQ"前的"P"也没有意义，该张电路图中所有的三极管标号前面均带有一个"P"字母。

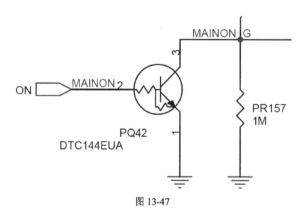

图 13-47

13.2.5　在电路图中识别场效应管

场效应管在电路图中和三极管一样也用"Q"来表示，因此在电路图中，如果看到一个元件是"Q×××"，那就不能简单地将其判断为三极管还是场效应管，需要进一步看一下它在电路图中的具体内部结构，以进行准确的划分。

场效应管在电路图中主要分为单沟道（单一 N 沟道或 P 沟道）场效应管和复合场效应管（内部含有 2 只场效应管）两种。

1. 单沟道场效应管

单沟道场效应管如图 13-48 所示，图中 PQ24、PQ22、PQ21、PQ20 均为单沟道场效应管。

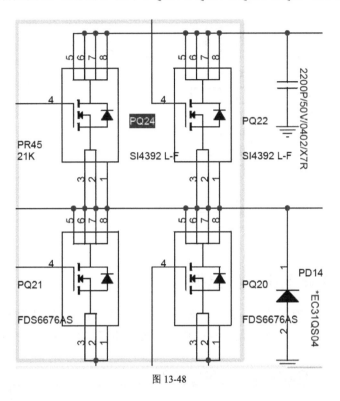

图 13-48

2. 复合场效应管

复合场效应管如图 13-49 所示，PQ37 是一只内部拥有 2 只 N 沟道场效应管的复合场效应管。

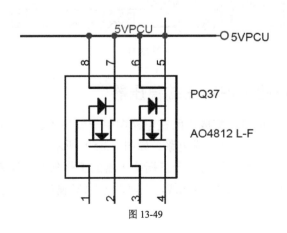

图 13-49

13.2.6　在电路图中识别电感

电感在电路中用"L"来表示，在电路图中元件的标号是"L×××"，就证明它是一个电感。如图 13-50 所示，PL18 就是一只电感。通过下面的参数标注，可知它是一只电感量为3.8μH、最大通过电流为 6A 的电感。

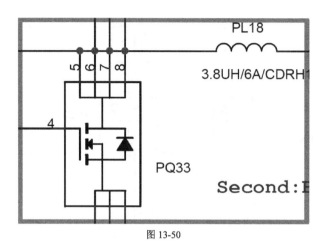

图 13-50

13.2.7　在电路图中识别晶振

晶振在电路图中一般用"Y"表示，在电路图中元件的标号是"Y×××"，就证明它是一个晶振。如图 13-51 所示，Y4 就是一只晶振，同时可知它的振荡频率是 14.318MHz。

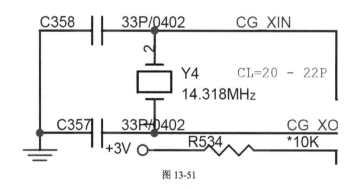

图 13-51

13.2.8　在电路图中识别三端稳压器

三端稳压器属于集成电路，集成电路在电路图中一般用"U"表示，在电路图中元件的标号是"Uxxx"，就证明它是一个集成电路。如图 13-52 所示，U41 是一个三端稳压器，之所以判断它是三端稳压器，是因为它符合三端稳压器的工作条件：输入、地线、输出，从图中可以看到，1 脚为+5V 输入，2 脚为地线，5 脚为 3V-TV 输出，它是一只 5V 转为 3V 的三端稳压器。

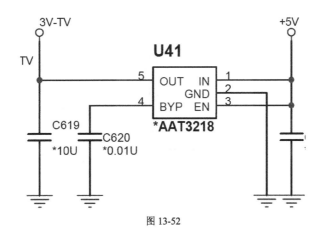

图 13-52

13.2.9   在电路图中识别门电路

门电路也属于集成电路，也用"U"表示，如图 13-53 所示。图中的"PU10"是一只门电路元件，它的型号是 LMV331，这里"PU"中的"P"没有实际意义，如果想具体知道门电路中具体的"门"，需要根据型号查它的内部构造进行判断。

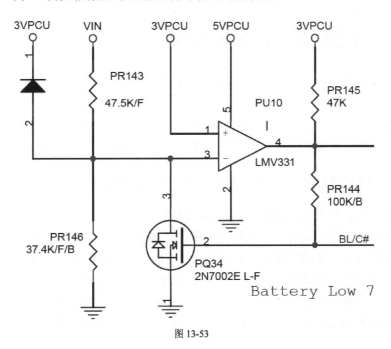

图 13-53

13.2.10   在电路图中识别变压器

变压器主要用在开关电源电路中，它在电路图中的表示符号为"T"，在电路图中元件的标号是"T×××"，就证明它是一个变压器。如图 13-54 所示，T901 是一个变压器元件，变压器还有一个很重要的特征，那就是它拥有电感线圈和磁芯。

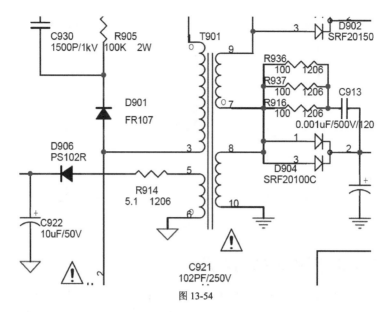

图 13-54

以上介绍的是常见的电子元件在电路图中的识别规律，大家课下可以找些电子产品的电路图，根据所讲到的知识，再结合实际的电路图进行分析。

13.3 分析电路图中的典型电路

电子产品的电路图少则几页，多的可能上百页，但不论多复杂的电路图，都是由无数个单元电路所构成的。而每个单元电路又是由无数个元件按照一定的电子定律所构成，因此，如果掌握了电子元件的特性及电子定律，就能分析单元电路，进而分析整个电路图。本节由浅入深，选取电路图中常见的几款典型电路进行分析，以培养大家看电路图的能力。

13.3.1 电热毯高、低温电路工作原理分析

先来分析一个最简单的电热毯高、低温电路的工作原理，以使大家能够初步接触电路图分析。如图 13-55 所示，这是一个家用电热毯的工作原理图，其中 A、B 之间输入的是市电交流 220V，D1 是一只低频二极管，A 为电热毯的加热丝，开关 K 为高低温控制开关，当开关 K 闭合时，电热毯为高温状态；当开关 K 断开时，电热毯为低温状态。

原理分析：当开关 K 闭合时，二极管 D1 被短路，此时，D1 相当于不存在，220V 交流电完全加载到加热丝 A 上，使加热丝全负荷工作，此时，加热丝内的电压曲线如图 13-56（a）所示。

当开关 K 断开时，二极管 D1 被接入电路，根据二极管"单向导电"的特性，220V 交流电只有一半可以通过二极管到达加热丝，此时加热丝内的电压曲线如图 13-56（b）所示，可以看到，电压被整整地削去了一半，因此它工作在低温状态。

本电路利用了二极管单向导电的特性来控制输入电热毯加热丝的电压，从而实现高、低温的控制。

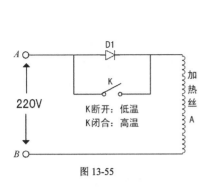

图 13-55

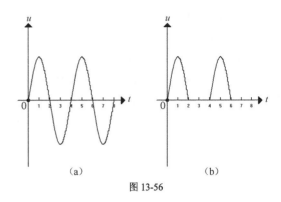

(a)　　　　　　(b)

图 13-56

13.3.2　场效应管状态转换的工作原理分析

场效应管的状态转换，在各种电器的电路图中均有应用。图 13-57 所示为一个由 S5_ON_D 信号来控制 3VPCU 电压转化为 3V_S5 电压的原理图，Q40 是一个 N 沟道场效应管，当其 4 脚 G 极无电压时，Q40 截止，此时该场效应管的 D、S 脚之间的阻值呈现无穷大，因此，3VPCU 电压并不能通过场效应管来到 3V_S5 端，

当高电平的 S5_ON_D 信号到来时，场效应管 Q40 的沟道被打开，其内部的 D、S 极相通，此时，3VPCU 电压就可以通过场效应管来到 3V_S5 端，从而实现了由 S5_ON_D 信号来控制 3VPCU 电压转化为 3V_S5 电压的目的。

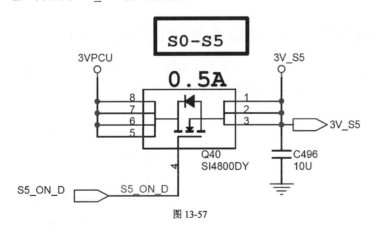

图 13-57

13.3.3　笔记本电脑高压板供电的工作原理分析

典型的笔记本电脑高压板主供电控制原理如图 13-58 所示，Q2 为一只 P 沟道场效应管，VIN 为来自保护隔离以后的 19V 主供电，PWROK 为电源信号，Q3 为 NPN 型三极管，该电路的工作原理就是由 PWROK 信号来控制 VIN 电压转化为 LCDVIN 电压。

当整机电源工作正常后，系统会发出高电平的 PWROK（电源信号），此信号加到 Q3 的基极，使 Q3 导通，此时 Q3 的第 3 脚为低电平，该低电平产生后，VIN 电压会通过电阻 R2 和 R3 的分压使 Q2 的 G 极为低电平，因 Q2 为 P 沟道场效应管，因此，当其 3 脚的 G 极为低电平时，Q2 导通，此时 19V 的 VIN 电压就会通过此时导通的 Q2 使 LCDVIN 也为 19V，输送给笔记本的高压板，做其主供电。

反之，当整机电源未正常工作或者部分未工作时，系统会将 PWROK 信号拉低接地，此时低电平的 PWROK 会传给 Q3 的基极使其也为低电平，此时 Q3 处于截止状态，Q2 的 G 极电压通过电阻 R2 使 G 极电压等于 VIN 电压同时为高电平，Q2 截止，高压板的主供电 LCDVIN 被场效应管 Q2 断开，不能由 VIN 获得。

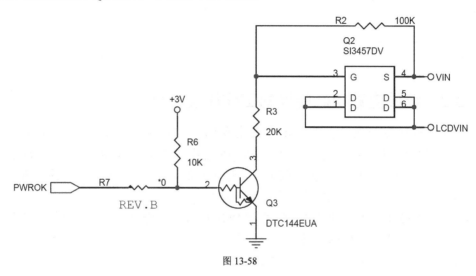

图 13-58

13.3.4　笔记本电脑液晶屏供电的工作原理分析

笔记本电脑液晶屏供电的控制电路如图 13-59 所示，该电路最终的目的是在机器正常运行后，液晶屏的主供电 LCDVCC 由+3V 提供。

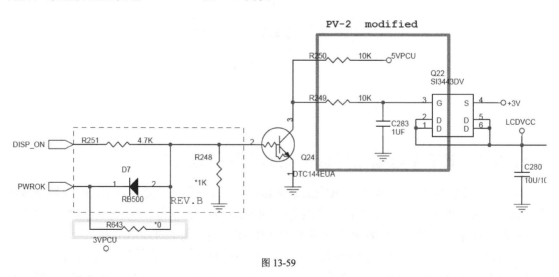

图 13-59

这里有两个信号共同作用才能实现 LCDVCC 得到供电的目的，那就是 DISP_ON 和 PWROK 要同时为高电平，+3V 才会转化成 LCDVCC，下面来分析一下它的工作原理。

DISP_ON 信号是由显卡发出的，因为只有当显卡正常工作后，液晶屏得到供电才有意义，PWROK 是系统电源信号，当这两个信号同时为高电平时，Q24 的基极也为高电平，此时 Q24 导通，其 3 脚的低电平直接加到 Q22 的 G 极，由于 Q22 是一个 P 沟道场效应管，因此它会导通，+3V 会通过此时导通的 Q22 到达 LCDVCC，使其产生液晶屏的主供电。

当笔记本电脑显卡未正常工作时，DISP_ON 为低电平，此时 Q24 因为其基极的低电平而截止，因此 Q24 的第 3 脚会被 5VPCU 通过 R250 变成高电平加到 Q22 的 G 极，因 Q22 是一个 P 沟道场效应管，因此当其 G 极为高电平时，它会截止，此时+3V 就不能通过场效应管变成 LCDVCC，此时液晶屏就得不到主供电。

另一方面，当 PWROK 为低电平时，此时由于二极管 D7 的钳位作用（二极管的钳位原理在本书第一篇里也有详细讲解），也会使 Q24 的基极为低电平，最终使液晶屏得不到主供电，原理和上面一样。

综上所述，液晶屏要想得到供电 LCDVCC，DISP_ON 和 PWROK 则必须同时为高电平，当其中任何一个为低电平时，液晶屏均不会得到供电。

13.3.5 供电与信号的工作原理分析

在电子维修中，经常会听到"供电"和"信号"这两个词，很多维修人员弄不明白什么是供电，什么是信号，明明都是 5V 的电压，却说其中一个是供电，另一个是信号，这是怎么回事呢？

供电是一种电压，这种电压的能量一般比较大，可以提供足够的电流，也可以理解成这是一种电源的形式。

信号也是一种电压，只不过这种电压的能量比较小，一般只是用来控制另外一个电路而已。

因此，虽然供电和信号都是电压，但因为其用途的不同，意义也就不同。图 13-60 所示是一个液晶显示器高压板供电的控制图，其中 PW_PANEL 是控制信号，它有两个状态，开机时为 0V，关机时为 5V，而无论它是 0V 还是 5V，它只是用来控制 Q2，从而进一步控制 Q1，最终控制 U1，使 VCC 供电是否产生，因此它是"信号"。

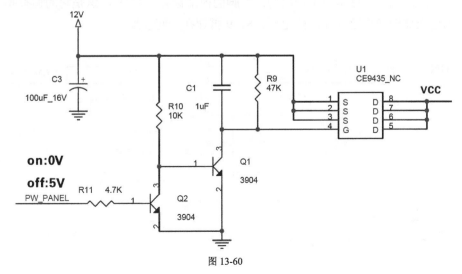

图 13-60

而 VCC 电压，在控制信号 PW_PANEL 为 0V 时，它是 12V（工作原理不再具体分析，大家可以自己分析一下），在控制信号 PW_PANEL 为 5V 时，它是 0V，而不论它是 12V 还是 0V，这里它都属于"供电"。

综上所述，"供电"是能量的概念，"信号"是控制的概念。

13.3.6 三端稳压器在电路中的工作原理分析

三端稳压器相对比较简单，主要由输入脚、输出脚和接地脚三部分组成。如图 13-61 所示，U24 即为一只三端稳压器，它的 3 脚为+5V 输入，2 脚为接地，1 脚为输出，其他的电容都起滤波作用，它是一个将+5V 电压通过三端稳压器转换成+3V_AMCVDD 电压的一种电路，简单来说，U24 就是一只 5V 转为 3.3V 的三端稳压器。

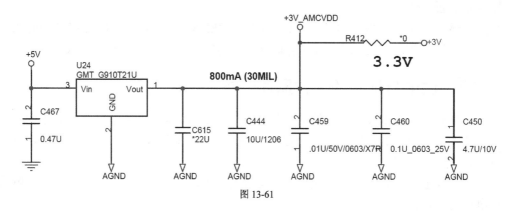

图 13-61

13.3.7 2.5V 内存供电的工作原理分析

图 13-62 所示为一个 2.5V 内存供电的产生原理图，它主要由核心元件 PU4 构成，下面来分析一下 PU4 的各引脚的作用。1、2 脚连在一起，通过其内部引脚和外部的走线来看，它是一个开启控制脚；3、4 脚连在一起接 3VPCU，这是它的供电输入脚；5、6 脚连在一起接输出的 2.5V 电压，这是一个输出脚；7 脚的内部标有"ADJ"，这是它的调整脚，通过改变外部的电阻比例来调整其输出的电压；8、9 脚连在一起接地。

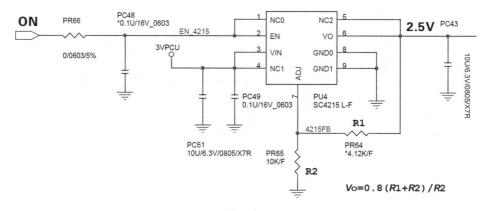

图 13-62

通过以上分析发现，该芯片主要由供电输入、地线、输出、调整、开启 5 部分工作条件决定，根据它的主体部分输入、输出、地线，可以判断它是一个智能三端稳压器，即比普通的三端稳压器多了一个开启控制、一个输出电压的调整脚，大家可以尝试自己分析一下。

13.3.8　笔记本电脑高温掉电的工作原理分析

笔记本电脑主板高温掉电的工作原理如图 13-63 所示，PU3A 是一个门电路，型号为 LM393；PH1 为温度电阻，温度越高，其阻值越小；MAINPWON 为输出控制信号，用来控制整个笔记本电脑主板的供电。

工作原理分析：VL 为主供电 19V，这是不变的，因此 VL 经过 PR43、PR45 分压后输入给 PU3A 第 2 脚的电压为 9.5V 也是不变的，而该脚正是 PU3A 这个门电路的反相输入端。

当常温时或者笔记本电脑主板温度不高时，温度电阻 PH1 呈现一个无穷大的阻值特性，相当于开路，此时，19V 的 VL 通过电阻 PR38、PR42 加到 PU3A 的同相输入端第 3 脚的电压为 19V，PU3A 的同相输入端大于反相输入端电压，比较器的 1 脚输出高阻状态，19V 的 VL 经过 PR37 给 MAINPWON 提供一个高电平，后面的电路正常工作。

当笔记本电脑温度过高时，PH1 的阻值下降，当 PH1 的阻值降至小于 10.7k 时，此时比较器 PU3A 的同相输入端电压就会低于 9.5V，比较器由于同相输入端电压小于反相输入端电压，因此其 1 脚输出低电平，从而使 MAINPWON 为低电平，后面的所有电路将停止工作，形成掉电保护的现象。

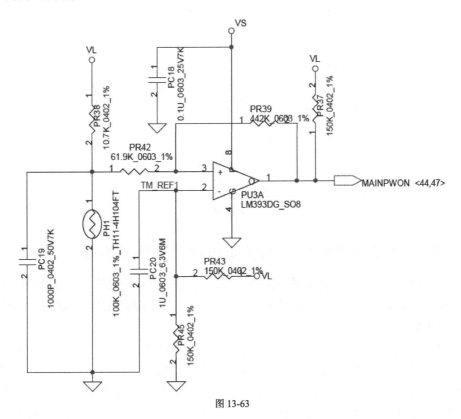

图 13-63

13.3.9　由门电路构成的供电输出原理分析

由门电路构成的供电原理如图 13-64 所示，它主要由门电路 U8B 和场效应管 Q31 两个主要元件组成，其中，门电路的第 5 脚同相输入端输入的是 1.2V 基准电压，它主要用来和反相输入端 6 脚做比较，而反相输入端的电压是由电阻 R147 和 R148 分压得来，因此 6 脚的电压为 1.2V 时，电阻 R147 上端的电压应为 2.5V。

工作原理分析：刚开始工作时，1.2V 的基准电压加到门电路的同相输入端第 5 脚，此时 6 脚无电，同相大于反相，门电路通过第 7 脚输出高电平。该高电平加到场效应管的 Q31 的 G 极，使其导通，3.3V 通过导通的场效应管慢慢向后面流进，给 C399 电容充电。当 C399 电容上的电压大于 2.5V 时，该电压通过电阻 R147 和 R148 分压后的电压将大于 1.2V，此时比较器反转，从其第 7 脚输出低电平，关掉场效应管。

场效应管被关掉后，C399 电容上的电压被逐渐释放，此时经过电阻 R147 和 R148 分压后的电压低于 1.2V。比较器再次反转，使其第 7 脚为高电平，再次使场效应管 Q31 导通，如此循环，比较器不停地翻转，Q31 不停地导通与截止，最终在电容 C399 上将会得到一个稳定的 2.5V 的电压，大家可以想象一下，如果想使输出的 2.5V 电压降低一些，那么应该加大电阻 R148 的阻值还是减小它的阻值呢？

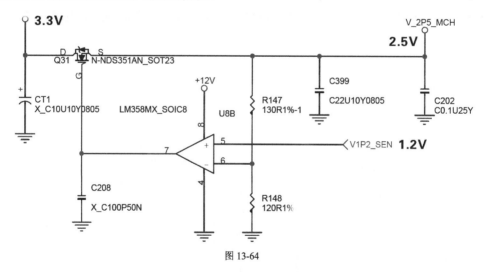

图 13-64

13.3.10　笔记本电脑适配器检测电路工作原理分析

笔记本电脑适配器检测电路如图 13-65 所示，这是一个典型的笔记本电脑适配器检测电路，应用在很多笔记本主板中，其中它的主体元件仍然是门电路 PU1A，ACIN 和 PACIN 为检测后的结果输出，送往不同的电路中，该信号为高电平有效。

电路分析：比较器的反相输入端第 2 脚接的是 RTCVREF，该电压为主板小电池的电压，为标准的 3.3V，它的同相输入端第 3 脚，接的是适配器的 VIN 供电经过电阻 PR11 和 PR15 分压以后的电压，根据比较器的工作原理，要想使其输出端第 1 脚输出高阻态，就必须使同相输入端电压大于反相输入端的电压，也就是说，比较器的第 3 脚电压必须大于

3.3V，该比较器才会输出认为适配器电压正常的信号。可以根据所掌握的电阻分压原理来分析一下，看 VIN 的电压在多少伏时，经过电阻 PR11 和 PR15 分压后的电压刚好等于 3.3V。经过计算，答案是 17.24V，也就是说，19V 的适配器电压不能低于 17.24V，当低于这个数值时，比较器会通过第 1 脚输出 0V 电压使 ACIN 电压也为 0V，从而告诉后面的电路，适配器电压不正常，整机不工作。

　　以上选取了 10 个典型的电路进行分析，由浅入深，希望能引导大家学会认识、分析电路图，课下大家也可以自己找些电子产品的电路图，自行分析一下，原理都是相通的，只要入门了，提高是很快的。再复杂的电路，也都是由这些最基本的小电路积累起来的，日后大家在分析电路图的过程中有任何困难，可以和同学、同行交流，也可以随时联系作者，作者愿与大家一起交流、共同学习。

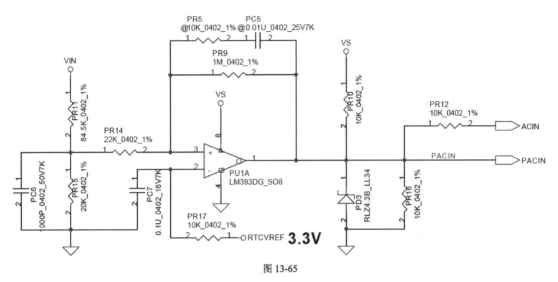

图 13-65

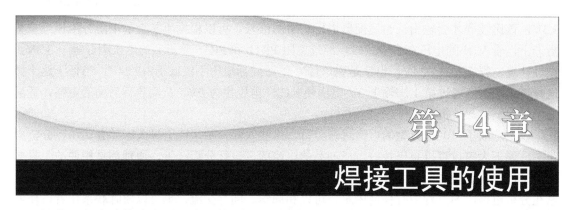

第14章

焊接工具的使用

焊接工具在维修中主要用来更换采用焊锡进行连接的电子元器件,焊接工具的熟练使用在维修中是非常重要的。试想一下,如果通过你的维修技术准确判断出了一个元件损坏,却无法将其顺利更换,同样修不好机器,并且在焊接更换元件的过程中,如果出现了差错,还有可能将机器的故障扩大。焊接工具主要包括辅助工具、电烙铁、吸锡器、热风枪、BGA返修台及其他附件。

14.1 焊接辅助工具

焊接辅助工具是为顺利焊接而服务的工具,也可以说它是焊接的准备工具,主要包括直腿镊子、弯腿镊子、助焊膏、毛刷、棉花、洗板水、焊锡丝、吸锡带、吸锡器、尖嘴钳、斜口钳、刻刀、飞线等,接下来一一介绍它们。

14.1.1 直腿镊子与弯腿镊子

直腿镊子与弯腿镊子如图 14-1 所示,这两种镊子在电子市场上有很多商家在销售,但是真正质量好的很少,有很多维修人员反映他们买到的镊子,使用起来其效果并不理想。这里推荐大家购买采用钢材料制作的镊子,判断其是否钢制作,只需要用磁铁检测一下就可以了,钢质的镊子磁铁是不吸的。再一个就是看价格,质量好的镊子,其售价一般在 15～20元;如果是售价在 2～3 元的镊子,其质量是非常一般的。

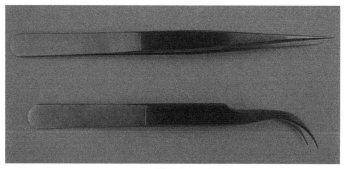

图 14-1

直腿镊子与弯腿镊子在使用上并没有严格的区分,一般来说,感觉用哪种方便就用哪种

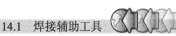

就可以了。直腿镊子常用于夹持引脚较少的元件，如 2 脚元件、3 脚元件、8 脚元件等，这类元件由于引脚较少，用直腿镊子会更加方便，如图 14-2 所示。

弯腿镊子主要用来夹持引脚较多的元件，一般是含有多脚的集成电路芯片，如图 14-3 所示。这类芯片引脚较多，一般四面均有引脚，如果用直腿镊子来夹持的话，因直腿镊子的角度问题，会影响焊接工作，而如果采用弯腿镊子，正好利用了它头部的弯曲，比较方便焊接。大家可以找一些这样的芯片，自己感受一下，就会发现其中的道理。

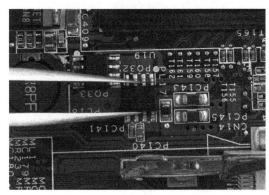

图 14-2   图 14-3

关于直腿镊子和弯腿镊子的使用，大家可以根据自己的使用习惯灵活掌握，不要求在什么情况下必须用哪种，只要大家感觉方便，能顺利完成维修中的工作就可以了。

14.1.2 助焊膏

助焊膏在焊接中起着很大的作用，采用质量好的助焊膏，不但易焊，而且焊出的焊件质量和效果也非常好，特别是对一些新入门的维修人员来说，质量好的助焊膏更加重要。市场上销售的助焊膏有很多种，价格从几元到几十元再到上百元的都有，最便宜的助焊膏如图 14-4 所示，这种助焊膏的膏体比较硬，成本在 5～10 元，焊接效果一般，不推荐维修精密电器的人员使用，一般只用在焊接一些对焊接质量要求不高的电器中。

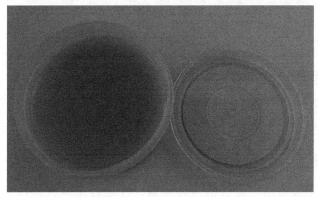

图 14-4

质量稍好的助焊膏价格至少几十元，也有上百元的，一般稍微正规的维修公司及工厂的焊接都采用这种助焊膏。常见的高质量的助焊膏外观如图 14-5 所示，这类助焊膏的价格一般在百元左右，可由工厂直接提供。

　　这种高质量的助焊膏内部结构如图 14-6 所示，它的膏体比较柔软，使用起来效果比较好，并且是无铅（不含铅）设计，使用时对人体健康没有伤害。推荐维修人员购买质量好一点的助焊膏，因为每次焊接时只会用很少一点，买一瓶可以用很多年，投资百元左右还是非常划算的。

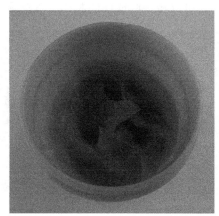

图 14-5　　　　　　　　　　　　　　　　　　　　　图 14-6

14.1.3　毛刷

　　毛刷是往被焊接的电路板上刷助焊膏时所使用的一种工具，常用的毛刷如图 14-7 所示。在元件进行焊接前，只需要用毛刷蘸一点助焊膏，然后均匀地涂在被焊接的电路板周围即可，如当地买不到这种小毛刷，也可以用小毛笔代替，效果一样。

图 14-7

14.1.4　棉花

　　棉花在焊接中主要起到配合洗板水进行电路板清洁的作用。棉花在一般的农贸市场里均可买到，在农村地区就更普遍了，也可以从旧衣服或者旧棉被里获取，如果条件允许，去药店买一些脱脂棉，使用起来效果会更好，常见的棉花如图 14-8 所示。

14.1.5　洗板水

　　洗板水是一种用来清洁电路板的液体工具。在进行电路板维修后，特别是焊接元件后，在被焊接的元件周围往往会留有一些比较脏的焊接残留物，此时可以用洗板水进行清理，经过洗板水清理的电路板光泽如新。常见的洗板水如图 14-9 所示。

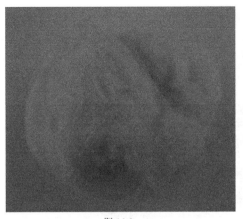

图 14-8

图 14-9

使用时，首先，要根据被清洗的电路板面积取适量的棉花，将其揉成团，指甲盖大小的体积正合适，揉好后用镊子将其夹住，如图 14-10 所示。

然后将棉花中注入适量洗板水，需要注意，给棉花注入洗板水的量以浸透棉花而又没有使洗板水滴下为原则，如图 14-11 所示。

最后用蘸满洗板水的棉花去清理被修的电路板周围即可，如图 14-12 所示，可以看到，清理后的电路板光泽如新。需要注意的是，洗板水可以清洗电路板，它对电路板无任何腐蚀作用，但是，不可以用它来清理其他东西，如机器的外壳、液晶屏、键盘等配件，否则会出现腐蚀和掉漆现象。也就是说，洗板水只可以清洗电路板，不能清洗其他配件。

同时还需要提醒大家的是，洗板水虽然对电路板没有腐蚀作用，但它的成分里是含有水的，因此在用洗板水洗完被修的元件后，最好用热风枪将被洗的电路板部分加热一下，以使洗板水完全挥发，否则，在洗板水未完全蒸发的情况下通电，很有可能会导致电路板短路保护，甚至出现烧毁电路板的情况。

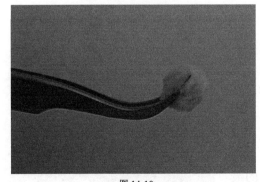

图 14-10

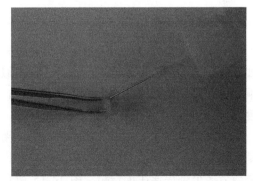

图 14-11

笔者在实际维修中经常遇到这样的情况：修好后的电路板，感觉比较脏，用洗板水清洗后再上电，发现不能开机了，然后用热风枪吹了一下被洗的部分就又可以开机了。这说明洗板水未完全蒸发时上电，对主板是有一定的安全隐患的。有时也可能会出现上电后，由于洗板水未完全蒸发而导致的电路板元件因短路而烧坏，那样即使再次用热风枪将电路板吹干，也可能导致机器永久不能开机，这一点大家一定要注意！

图 14-12

14.1.6　焊锡丝

　　焊锡丝是焊接工作中必用的工具之一，市场上销售的焊锡丝种类繁多，推荐大家尽量购买质量好点的焊锡丝，否则会出现难焊、空焊、焊接不牢等现象。在实际维修中，可以根据常修的电路板的精密程度选择粗细合适的焊锡丝，一般准备直径为 0.5mm 和直径为 0.8mm 两种规格的焊锡丝即可，其中直径为 0.5mm 的焊锡丝可以用来焊接相对精密些的电路板，而直径为 0.8mm 的焊锡丝则用来焊接相对粗糙的电路板，常见焊锡丝如图 14-13 所示。

图 14-13

14.1.7　吸锡带

　　吸锡带也是焊接工作中常用的工具之一，其外观如图 14-14 所示。可以看到，它是一种类似于网状的铜线带，常用的吸锡带宽度一般是 3.5mm 左右，长度在 1.5m 左右，售价在 15 元左右。

　　吸锡带在焊接工作中主要用来解决连锡问题，所谓的连锡是指在焊接的过程中，不小心将芯片的 2 个脚或者多个脚焊连在了一起，图 14-15 所示芯片的最右边 2 个脚被焊连在了一起，如果没有专用工具的话，分开是很困难的。

　　要分开被焊连的两只引脚，就要用到"吸锡带"。首先，用毛刷在吸锡带头部刷上适当的助焊

图 14-14

膏，如图 14-16 所示，这里刷助焊膏的目的是使焊锡能在高温下顺利流进吸锡带里。

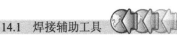

图 14-15

图 14-16

　　然后将含有助焊膏的吸锡带靠近焊连在一起的 2 只引脚，同时用电烙铁加热吸锡带的头部，也就是使吸锡带在高温的作用下熔化被焊连的两只脚之间的焊锡，并顺利将它们自动吸进吸锡带里，如图 14-17 所示。

　　经过以上操作，被焊连在一起的 2 个引脚很轻松就可以自动分开了，如图 14-18 所示。大家可以找一块电路板，选中一个芯片，用电烙铁焊连它的几只脚，然后使用上面的方法进行分离，感受一下焊接和分离的过程和技巧。

图 14-17

图 14-18

14.1.8　吸锡器

　　吸锡器如图 14-19 所示，主要包括气泵压杆、锁扣按钮、吸头 3 部分。工作时首先压下气泵压杆（此时气泵压杆会被锁扣按钮自动锁定），如图 14-20 所示，然后将吸头对准被拆解的电子元件，同时配合电烙铁，等电烙铁将电子元件焊脚上的焊锡熔化时，此时瞬间按下锁扣按钮，气泵压杆会自动弹起，强大的空气流会将此时已熔化的电子元件引脚处的焊锡通过吸头吸入吸锡器，从而达到使电子元件焊脚处的焊锡与电子元件引脚分离、顺利拆解电子元件的目的。吸锡器的具体使用方法将在下一节介绍电烙铁的使用时详细说明。

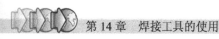

图 14-19

图 14-20

吸锡器使用一段时间后，由于不断地吸入熔化后的焊锡，因此，当吸头内的焊锡残渣达到一定程度时，吸头就会被逐渐堵塞。当吸头被堵塞时，会出现吸力不足、吸不干净等现象，严重影响使用效果。吸锡器的吸头都是可以旋动的，如图 14-21 所示，当吸锡器的吸头被旋开后，将内部的焊锡残渣清理一下重新装回即可，如图 14-22 所示，此时，吸锡器又可以正常使用。有很多维修人员不知道可以清理吸头，就会经常更换新的吸锡器，这样非常浪费。

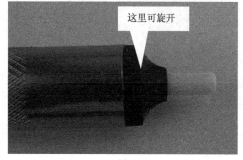

图 14-21

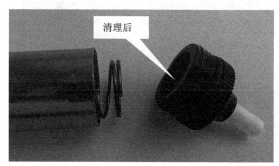

图 14-22

14.1.9　尖嘴钳与斜口钳

尖嘴钳与斜口钳如图 14-23 所示，它们分别用在不同的场合，跟直腿镊子和弯腿镊子一样，并不严格要求什么情况下必须用哪种，只要大家感觉方便，能应付维修工作就可以了。质量好点的钳子售价大约 15 元。

一般情况下，尖嘴钳用来拧螺丝，而斜口钳则用来剪断一些材料，如在更换主板电容后，多余的电容引脚就要用斜口钳剪去，如图 14-24 所示。

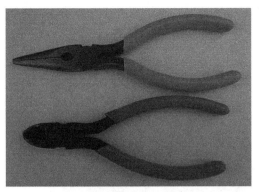

图 14-23

图 14-24

14.1.10　刻刀

刻刀如图 14-25 所示，它在电路板维修中主要用来处理进水机器的腐蚀、断线等维修工作。电路板上的走线都是被绝缘漆覆盖的，如果电路板进了水或者其他液体，一般会被腐蚀，被腐蚀后的电路板很容易断线，在进行连线工作前，首先要刮开绝缘漆，此时就会用到刻刀，如图 14-26 所示。

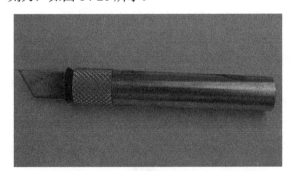

图 14-25

图 14-26

14.1.11　飞线

飞线如图 14-27 所示，在维修及焊接过程中主要用来进行连线工作。这是一种免去漆飞线，该飞线虽然为漆包线，但在焊接时却无需提前刮漆，这是因为它所使用的绝缘漆遇到烙铁的高温时可以自动熔化蒸发。需要提醒的是，这种飞线一般都比较细，只适合做连接信号线时所使用，如果是连接供电线，则需要用粗一点的其他导线。

图 14-27

14.2　电烙铁

电烙铁是焊接中最常见的一种工具，同时它也是维修工作必不可少的一种工具。一个电

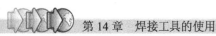

子类维修工最基本的三样工具就是电烙铁、万用表、螺丝刀。电烙铁主要分为普通电烙铁和恒温电烙铁两种，接下来分别详细介绍。

14.2.1　普通电烙铁

普通电烙铁就是最简单的电烙铁，普通电烙铁又分为内热式电烙铁和外热式电烙铁。内热式电烙铁是指它的发热丝在烙铁导热体的内部，从外部来看，是看不到烙铁发热芯的，常见内热式电烙铁如图 14-28 所示。

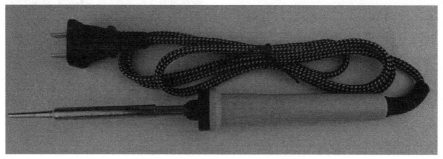

图 14-28

外热式电烙铁是指它的发热丝在烙铁导热体的外部，透过烙铁外层的保护铁网，可以看到其内部的烙铁发热芯，常见的外热式电烙铁如图 14-29 所示。

内热式电烙铁和外热式电烙铁并没有本质的区别，只是其发热丝的位置结构设置不同。正是由于其结构的不同，在同等功率的情况下，外热式电烙铁的温度要相对更高一些。在实际维修工作中，外热式电烙铁主要应用在维修一般的电器中，如维修空调、冰箱、洗衣机，而内热式电烙铁主要应用在维修精密的电器中，如液晶电视、电脑维修、主板维修等，电脑维修人员建议使用内热式电烙铁。

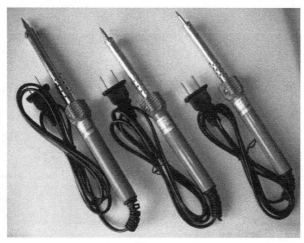

图 14-29

普通电烙铁使用一段时间后，最容易出现的问题是烧坏烙铁头。当烙铁头被烧坏后，可以单独更换烙铁头，更换烙铁头时一定要确保是在电烙铁断电的前提下，并且要等电烙铁自然冷却后进行，以防止触电和烫伤，烙铁头拆下后如图 14-30 所示。拆下旧的烙铁头，直接更换一只新的即可。普通电烙铁的烙铁头出厂时其外壁均镀有一层防氧化的保护膜,使用时需要将烙铁头顶部的保护膜用锉刀磨去,否则会导致烙铁不吃锡。

相对于容易损坏的烙铁头,电烙铁里还容易损坏的一个部位是烙铁芯,烙铁芯是用陶瓷材料包围发热丝而做成的一种发热元件,将电烙铁拆开后,可以看到其内部的白色陶瓷烙铁芯,如图 14-31 所示。保护烙铁头和烙铁芯最好的方法就是不用电烙铁时及时将其断电,避免长时间热烧,长时间热烧电烙铁是使其快速老化损坏的直接原因。

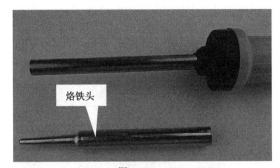

图 14-30

图 14-31

另外,有很多学员反映电烙铁经常不吃锡,这是因为烙铁头被氧化的缘故,使用时需要注意,电烙铁只可以用来配合焊锡丝进行电子元件的焊接工作,不可将其用来焊接塑料品等其他产品。另外,电烙铁在断电存放时,最好将烙铁头加满锡以保护其表层不被氧化。如果烙铁头已经出现了氧化不吃锡的情况,可以将电烙铁断电,待其自然冷却后,用刀片轻轻刮去氧化层即可。如果氧化比较严重,则可以用锉刀重新磨一下。

普通电烙由于其结构简单、携带方便,多用于上门维修时携带。

14.2.2 恒温电烙铁

恒温电烙铁又叫作烙铁焊台,如图 14-32 所示,一台恒温电烙铁主要由烙铁主机、发热手柄、烙铁架 3 部分组成。恒温电烙铁由于其温度可调,并且具备防静电的功能,因此常用来维修精密电子产品时所使用。一些大型维修车间、工厂、正规维修企业里均采用这种电烙铁,然而,由于其体积较大,不方便携带,因此只适合在固定的维修场所内使用。

恒温电烙铁的控制面板如图 14-33 所示,中间大的旋钮用来调节烙铁手柄的温度,旋钮

图 14-32

图 14-33

外有两圈温度值，内圈代表的是摄氏温度，外圈代表的是华氏温度。在实际维修工作中，如果没有特殊的温度要求，一般将其温度旋钮调整至最大即可。

恒温电烙铁出厂时，工厂标配的是带一只尖头的烙铁头，如图 14-34 所示。在实际维修工作中，需要准备 2～3 种不同的烙铁头，以便灵活使用。

尖头的烙铁头主要用来焊接体积微小的电子元器件或者引脚比较密的集成电路芯片，如图 14-35 所示。这类元件由于体积过小、引脚密集，使用尖头的烙铁头不容易使相邻的两只脚被焊连，但由于尖头的烙铁头其接触电路板的面积较小，因此用它来焊接体积过大的元件时，会有功率不足、焊不动的感觉。

图 14-34

图 14-35

在实际维修工作中，一般只需要准备两只最常用的烙铁头就可以了，一只是尖头，另一只是刀形头或者马蹄形头，拧开固定烙铁手柄的螺母，可以切换不同类型的烙铁头，如图 14-36 所示。

更换成刀形头后的烙铁手柄如图 14-37 所示。可以看到，刀形烙铁头触点的接触面积比尖头的烙铁头大多了，因此可以用它来焊接体积比较大的电子元件。

图 14-36

图 14-37

刀形烙铁头的使用如图 14-38 所示，这是一个体积比较大的电感，该电感如果用刀形烙铁头更换时，可以很轻松地焊上或者取下，如果该电感用尖头的烙铁头进行更换时，会非常困难，大家在课下可以找块废的电路板实验一下。

和普通电烙铁一样，恒温电烙铁的烙铁头和发热的烙铁芯也是易损件，烙铁头损坏后，直接更换一只新的即可。烙铁芯损坏后，也是可以更换的。只需要拧开烙铁手柄，就可以看到其内部的烙铁芯，如图 14-39 所示。

恒温电烙铁的烙铁芯虽然是可以更换的，但相对于普通电烙铁更换起来有点复杂，因为恒温烙铁的手柄里控制线比较多，因此一般烙铁芯坏了可以更换整个手柄，比较方便。这里最根本的原因是更换一只烙铁芯和更换一把手柄的成本差不多，大家可以根据自己的实际情

况灵活掌握。

图 14-38

图 14-39

　　发热的烙铁芯是用陶瓷材料包围发热丝而做成的发热元件，陶瓷是很容易碎的，因此，当烙铁头粘满焊锡时，不要用烙铁头敲打烙铁架从而实现将焊锡残渣振落的目的。这一点需要特别注意，在维修培训的过程中，经常看到学员不停地敲打烙铁头，这样烙铁头很快就会报废。

　　当烙铁头粘满焊锡时，不能敲打烙铁头，可以用"烙铁清洁海绵"清理。烙铁清洁海绵是由一种特殊材料做成的物品，它遇水后会膨胀，如图 14-40 所示，图 14-40（a）是未加水前的状态，图 14-40（b）是加水后的效果，可以看到，烙铁清洁海绵加水后膨胀了很多倍，用它来清洁烙铁头是非常不错的选择。

　　当烙铁头粘满了焊锡或者焊锡残渣时，只需要将烙铁头在烙铁清洁海绵上轻轻地蹭上几下，整个烙铁头就会光泽如新，如图 14-41 所示。

图 14-40

图 14-41

　　需要提醒的是，烙铁清洁海绵使用前必须加水，但加水量不可过多，以使水能浸透整个烙铁清洁海绵而又没有水自然滴下为原则。经常有学员为了加一次水能保持好多天不用再加，因此把水加的过多，如果此时用含水过多的烙铁清洁海绵来清洁烙铁头时，会因为高温的烙铁头和水直接接触，导致烙铁头很快被氧化报废，这也是为什么有的维修工一年也不用换一只烙铁头，而有的维修工则 1～2 周甚至几天就要更换一只烙铁头的原因，这里的保养是很重要的。

　　另外需要提醒的是，如果长时间不用烙铁，一定要及时将其关闭，这不仅仅是延长其使用寿命，并且对节电环保也是非常重要的举措。恒温烙铁烧热只需要 1～2min，但很多维修工为了下次使用不再等待这 1～2min 而选择长期开着电烙铁，这是非常不可取的做法，大家一定注意。

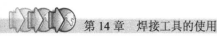

14.2.3　恒温电烙铁的使用技巧

恒温电烙铁在维修中主要用来焊接导线及直插型电子元件。直插型电子元件是指该元件安装时要穿透电路板在另一面焊接，它和贴片式电子元件有着本质不同，贴片式电子元件焊接是和该元件在同一面，因此也有人叫它"表面焊接"。直插式电子元件和贴片式电子元件焊接的本质区别在于一个是穿透电路板进行，另一个是未穿透电路板进行。

首先介绍一下用恒温电烙铁焊接一根导线的技巧。

1. 第一种情况：往电路板上焊接一根导线

第一步：首先取一根导线，并将其绝缘层剥去一部分，剥皮的部分不需要太长，1～2mm 即可，如图 14-42 所示。

第二步：将导线的铜丝部分扭一下，因为导线在散开的情况下，是不容易焊牢的，同时需要加一些适量的助焊膏，如图 14-43 所示。

图 14-42

图 14-43

第三步：这一步也是比较关键的一步，那就是给焊头处镀锡，镀锡时要注意焊接的时间和焊锡的用量，以出现一个圆豆状形态为最佳标准，如图 14-44 所示，如果达不到这个效果，可以多练一下。

第四步：往被焊的电路板上也刷一些助焊膏，尽量在被焊的电路板上再加一些焊锡，如图 14-45 所示，这样，当导线和被焊的电路板都被刷上了助焊膏，都被镀好锡后，剩下的焊接就很简单了。

图 14-44

图 14-45

第五步：进行焊接，此时应掌握焊接的时间和技巧。建议一次焊不好可以多焊几次，但每次不要焊太长时间，因为如果电烙铁在主板上停留的时间过长，有可能会烫坏该元件，正常焊接后的效果应该是形状规则、颗粒饱满，如图 14-46 所示。对焊接的要求是，宁可把导线曳断，也不可以把焊点曳开。

第六步：由于焊接时使用了助焊膏，因此焊接处显的有些脏乱，此时只需要用棉花蘸洗板水将焊接的地方清洗一下即可，如图 14-47 所示。

图 14-46   图 14-47

清洗后的电路板如图 14-48 所示，可以看到电路板光泽如新，只要严格按照标准来操作，维修后的机器不仅质量好，而且经久耐用，并且美观。

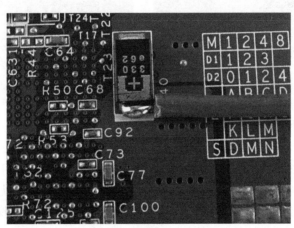

图 14-48

2. 第 2 种情况：将两根导线对接

在实际维修工作中，如果遇到了导线不够长，需要延长导线，而延长导线，就会用到这个技术。

第一步：首先取两根导线，将它们分别剥皮，扭紧接头处的铜丝，并且刷上适量的助焊膏，如图 14-49 所示。

第二步：这是非常重要的一步，分别对焊头处进行镀锡，镀锡的原则还是要掌握好时间和焊锡的用量，以出现圆豆状形态为原则，如图 14-50 所示。

图 14-49

图 14-50

第三步：将两根待焊接的导线头对头并排好，如图 14-51 所示，此时只需要用电烙铁轻轻一烫即可自然焊好。

焊好后的两根导线如图 14-52 所示，可以看到焊点圆润，颗粒饱满，十分牢固。焊接原则是宁可将导线拽断，也不可以让焊头开焊，大家可以根据上面的步骤找根导线焊接实习一下。

图 14-51

图 14-52

焊接好的导线，不能裸露在外面，还要用绝缘材料包一下，之前都是用绝缘胶带，因为绝缘胶带含有黏性胶，一般过段时间后就会把焊头氧化，这里推荐个更好的产品——热缩管。

热缩管如图 14-53 所示，它是由一种特殊材料制作而成，其常温下直径较粗，受热后会迅速缩紧，"热缩管"的名字正是基于这样的特性而得名，并且它可以耐压 1500V，完全可以用来做一般的绝缘工作，并且因其内部不像绝缘胶带那样含有黏性胶，因此也不会对焊点造成损害。

取适量热缩管，套在焊接的接头附近，然后用打火机或电烙铁烫一下，使其收紧即可。处理好后的效果如图 14-54 所示，可以看到该导线的连接非常美观，并且经久耐用。

图 14-53

图 14-54

14.2.4 恒温电烙铁与吸锡器搭配使用技巧

在焊接技术中，电烙铁和吸锡器的搭配使用非常重要，有很多维修人员做维修很长时间也没有掌握好它们的使用技巧，作者根据自己 10 多年维修经验，总结出电烙铁搭配吸锡器的使用技巧。

先来了解一下两个"面"，如图 14-55 所示，其中一个面是恒温电烙铁刀形头的斜面，另一个面是吸锡器吸嘴的切面。根据吸锡器的工作原理，只有将吸锡器的吸嘴切面完全堵住，此时吸力才最大，因此在用电烙铁和吸锡器进行拆解焊接时，就要把这两个"面"对好。

两个"面"对好后的效果如图 14-56 所示，恒温电烙铁刀形头的斜面完全对上了吸锡器的切面，这是一个最佳的角度，大家要掌握好。

图 14-55

图 14-56

下面以一个难度比较大的多引脚变压器的拆解为例，详细介绍操作步骤和技巧。要拆解的元件如图 14-57 所示，白框内的元件是要拆解的对象。

将电路板反过来，如图 14-58 所示，可以看到两个白框内的所有焊点均属于该元件的引脚焊点，要将该元件拆解下来就必须将每一个焊点和元件的引脚脱离，下面以其中一个引脚为例，来介绍一下具体的操作方法和技巧。

图 14-57

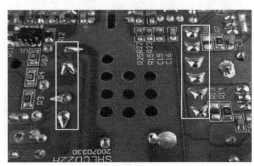

图 14-58

对需要拆解的元件引脚上刷一层助焊膏以便更加顺利地进行拆解工作，然后压下吸锡器的气泵压杆以待使用，用电烙铁接触该引脚焊点，待引脚处的焊锡被此时烧热的电烙铁刀形头熔化后，吸锡器靠近电烙铁刀形头的斜面，并迅速找到两个"面"的最佳结合点，如图 14-59 所示。此时，快速按下吸锡器的锁扣按钮，吸锡器的气泵压杆被弹回，将已被高温熔化的焊锡以液体的形式吸入吸锡器内，从而实现元件引脚脱锡的目的。

成功操作后的效果如图 14-60 所示，图中白框内元件引脚周围的焊锡已完全与该元件的引脚脱离。对于很多新入行的维修人员来讲，由于动作的不熟练，可能前期操作并不顺利，但是经过自己多思考、多练习、多总结经验，肯定可以掌握它的技巧。

需要提醒的是，一次吸不干净可以挪开电烙铁，隔几十秒再来一次，也可以多吸几次，但要避免每次吸的时间过长，因为一次吸的时间过长，电烙铁很可能会烫坏该元件，这一点在之前的章节里也有所提及。

同样的方法将其他引脚也逐一脱锡，如图 14-61 所示，图中白色圆圈内的元件引脚已全部与周围的焊锡脱开，如果有某一个没有脱离干净，可以用同样的方法再单独另行处理一下。

全部处理好后，从正面轻轻一动，被拆解的元件就可以轻松取下，如图 14-62 所示。这类多引脚的元件拆解起来相对来说比较麻烦，因为如果有一只引脚没有脱离好，很可能会导致整个元件取不下来。

图 14-59

图 14-60

图 14-61

图 14-62

关于本节的内容，大家可以先熟悉一下方法和技巧，然后再找些相关的器材进行练习，技能类技术培训就是要多练、多动手、多总结，不断掌握它的技巧。如果此类多引脚的元件能顺利拆解，那么两脚、三脚等其他元件，操作就更简单了。

14.3 热风枪

热风枪又叫作热风焊台，主要用来焊接贴片式元件及表面焊接元件，如精密主板上的芯片、无引脚电容、贴片三极管等各种贴片元件。热风枪在使用时需要注意掌握好风度和温度的调节，要根据被修电路的特点进行合理的调整。

14.3.1 热风枪的基本知识

常用的热风枪如图 14-63 所示。热风枪主要由主机本身、温度调节旋钮、风量调节旋钮、电源开关、发热手柄等几部分组成。

热风枪在使用时，要根据被拆芯片的体积大小选择合适的风口，一台热风枪出厂时一般会标配有 3～4 个风口，如图 14-64 所示，一般情况下，被拆芯片的体积越大，对应选择的风口也要越大，反之，则越小。

在实际维修中，并不是每拆一个芯片都要更换一个风口，一般安装一个大小适中的风口，基本 90% 以上的芯片都可以用它拆下来，至于遇到特殊的芯片再临时调整。

需要提醒的是，更换热风枪的风口时一定要在热风枪断电并冷却的情况下进行，以防止烫伤，另外更换风口要正规操作，首先要松开锁定风口的螺钉，并于更换后再次进行锁紧，在培训过程中，发现有些学员图省事并没有松开锁定螺钉，而是直接用尖嘴钳硬取，很多时候会把风口都夹扁了，有些还把风枪头直接从手柄里拽了出来，导致风枪的损毁。

图 14-63

图 14-64

热风枪手柄拆开后如图 14-65 所示，可以看到，手柄内安装有一根发热芯，并且有一些相关连线，主要包括发热芯的供电线、地线和温度反馈线 3 类。

图 14-65

单独的发热芯取出后如图 14-66 所示，它的结构是一只发热丝加一只温度感应头，图 14-66 中的两根温度反馈线不可接反，否则温度会失控。

图 14-66

14.3.2 热风枪的内部结构及工作原理

热风枪的内部结构如图 14-67 所示，它的内部主要由气泵和电路板两大部分组成，其中气泵用来往风枪手柄里打风，电路板用来控制整个机器的工作，手柄内的发热丝及气泵的工作均由该电路板控制。

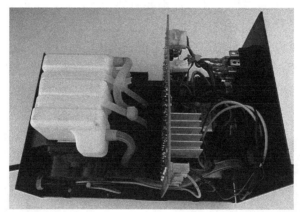

图 14-67

热风枪的工作原理：热风枪接通 220V 交流电后，打开其电源开关，一方面内部的气泵开始工作，通过胶皮管往手柄里打气，然后由风枪头吹出。另一方面，加热丝在主机送过来的供电作用下发热，此时气泵打出来的空气流经过发热的加热丝时，形成热风，通过风枪头子吹出。

主机内的主板会根据用户对温度和风量的调节，输出合适的控制信号，从而实现温度和风量达到用户需求的标准。在风枪加热丝内安装有温度反馈装置，可以实时将风枪内的温度情况反馈给主板，以使主板能根据用户的设置，对吹出来的热风的温度进行随时跟踪与调整。

14.3.3 热风枪使用时的注意事项

和电烙铁一样，热风枪最容易损坏的地方也是它的发热丝部分，因此，在使用热风枪的过程中，要注意保护其发热丝。热风枪自身有保护其发热丝的功能设计，热风枪使用完毕关掉电源开关后，其内部的气泵仍然会保持工作一段时间，以使手柄内的加热丝余热散尽，因此热风枪用完关闭其电源开关后，应等待其自然冷却断电，而不应该拔掉电源插头。

刚开机时，由于加热丝得到供电后即开始发热，发热速度比较快，而气泵工作后，空气由气泵打出，流过胶皮导管，再流经手柄，最后由风枪头吹出，这个过程可能需要几十秒的时间，因此，热风枪在刚开始打开电源开关后，往往会发现手柄里的加热丝通红，这是风没有到来的缘故。加热丝的通红状态下，是比较容易损坏的。

正确的做法是：在打开热风枪电源开关前，先把温度旋钮调到最低，把风量旋钮调到较大，待十几秒后，再逐渐调到正常状态。

关闭热风枪时，加热丝被断电，此时虽然热风枪的气泵会延时一段时间继续吹出凉风，但由于手柄内的空间狭小，高温不容易被完全散出，因此，更好的做法是在关闭热风枪前，顺手先将温度旋钮调至最小，关掉发热丝的供电，十几秒后，再关闭热风枪电源开关，这样热风枪手柄内的余温更容易被散尽。

热风枪如果正确使用，几年都不用更换一次发热丝。虽然加热丝的成本并不高，大约在30元一只，但是频繁更换加热丝，特别是使用多个厂家、多种规格的加热丝，对热风枪的寿命是不利的。

以上经验均是作者十多年亲身经历的总结，希望大家能够认真仔细地领会其中的经验，对维修工作一定会有很大的帮助！同时，为了避免广大学员、特别是一些新入门的维修人员由于使用不当而导致的维修工具损坏，最近从工厂里定制了很多维修专用工具，这些工具均从维修实用的角度出发，从根本上杜绝了由于维修人员误操作而导致的工具损坏，大大降低了维修工具的损坏率，如热风枪采用了加大的气泵，这样在刚开机时凉风出来得更快，在关机时余热散发得也更快。

14.3.4 如何设置热风枪的温度与风量

热风枪在使用前，首先要调整它的风量和温度，一般情况下，风量调在 2～3 挡，温度调在最大温度的 80%～90% 的位置即可，如图 14-68 所示。

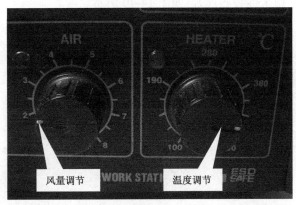

图 14-68

当然，并不是所有的热风枪都一定要这样设置，不同热风枪的生产厂家或者相同厂家生产出的不同型号，都会有所不同。如有的厂家生产的热风枪，风量调到 3 挡就已经有很大的风吹出来了，而有的生产厂家生产的热风枪，风量调到 3 挡还没有什么风出来，温度调节也是一样的道理，具体情况要具体对待。

风量大容易把元器件吹飞，风量小容易使热风的温度过高而把电路板吹糊；同样的道理，温度低焊锡就不容易熔化，而温度高电路板就容易被吹糊。根据多年的经验总结出风量的调节技巧：调整热风枪的风量调节，对着电路板去吹，听到轻微的"呼呼"声即可。温度调节的技巧是从远处对着风枪出风口看一下（切忌不要离得太近，以免伤到眼睛）里面的加热丝，如图14-69 所示，当看到里面的加热丝微红即可，过红表明温度高了，不红表明温度低了。

看里面发热丝颜色

图 14-69

热风枪在刚开启时会发现里面的加热丝比较红，原因是此时气泵还没有将正常的风打出来，这时不要马上使用，容易糊板，等温度和风量都稳定了并且调试正常了再去使用，这个过程大约需要 1min。

14.3.5　使用热风枪焊接简单元件的技巧

用热风枪进行焊接前，应先准备一些焊接所必需的附件，主要包括洗板水（用来清洗电路板）、助焊膏（用来提高焊接成功率）、棉花（用来配合洗板水清洗电路板）、镊子两副（直脚和弯脚各一把，用来拆装芯片），如图 14-70 所示。

图 14-70

焊接技术掌握技巧后还要多练，进行焊接练习时，可以先从最简单的元件焊接开始，如两条腿的元件，图 14-71 所示为拆掉一只两条腿的电容。

　　正式拆其之前，首先要对该电容两条腿刷上适量的助焊膏，如图 14-72 所示，这样做的目的是让焊锡更容易熔化以及提高焊接效果。

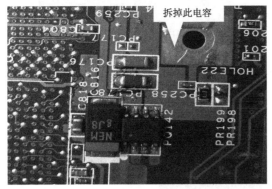

拆掉此电容

图 14-71

图 14-72

　　把热风枪的风量和温度调到合适的挡位，等风枪的风量和温度都稳定后，一手拿镊子夹住电容，另一手紧握风枪，如图 14-73 所示。

　　吹的时候，风枪要不停地晃动，不要对着一个地方一直吹，这样容易糊板。可以先对被拆元件周围预热一下，然后再集中加热被拆元件，在很短的时间内，当看到焊锡变得很亮时，证明其已经熔化，此时轻轻地将元件取下即可，如图 14-74 所示。

图 14-73

图 14-74

　　如果要把它装回去，可以用相反的方法，一手拿镊子夹住电容，另一手握热风枪，如图 14-75 所示。先用镊子定位电容的位置，然后晃动风枪的手柄去加热电容，热风枪的出风口离主板大约 2cm 为合适，等焊锡熔化后可以松开镊子，然后用风枪再稍加热一会，会看到电容自动摆正。

　　焊接完毕后，为了保证其美观程度，可以取一点棉花，揉成团状，然后用镊子夹住，滴入适量的洗板水，对主板焊过的地方进行清洗，如图 14-76 所示。

　　经过洗板水清洗后的电路板光泽如新，几乎是看不出修过的痕迹，如图 14-77 所示。

　　两条腿的元件焊接起来还是比较简单的，大家可以自己练习一下，另外 3 条腿和 4 条腿以及 8 条腿的元件，其焊接都可以参照刚才的方法。

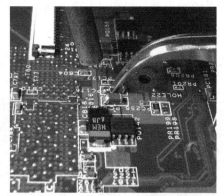

图 14-75

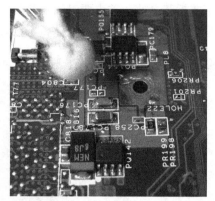

图 14-76

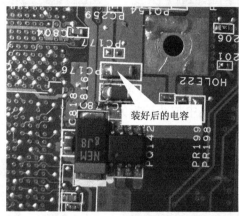

装好后的电容

图 14-77

14.3.6　使用热风枪焊接中规模集成芯片的技巧

下面介绍一个 28 脚贴片集成电路芯片的焊接技巧，如图 14-78 所示。

正式拆之前，首先也要在它的两面脚上打上适量的助焊膏，如图 14-79 所示。

图 14-78

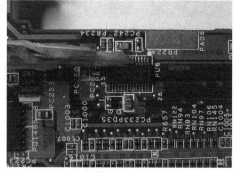

图 14-79

焊接工作进行时，一手拿镊子夹住芯片，另一手紧握热风枪，如图 14-80 所示。需要注意的是，镊子应夹住芯片的两端而尽量不要夹到其引脚，如果夹其引脚的话，以避免把引脚夹弯。

晃动热风枪，先对芯片周围相对较大的面积进行预热，然后再重点对芯片两排脚进行加热，大约几十秒的时间，当看到芯片两排脚相连的焊锡熔化变亮后，即可用镊子轻轻地夹起芯片，图 14-81 所示为取下芯片后的主板焊盘。

图 14-80

图 14-81

取完芯片后要看一下主板的焊盘情况，如果有连锡的地方，要清理开相连部位，如果有锡少的地方，要补一下焊锡。以上操作完成后还要用棉花蘸洗板水把焊盘清理干净，以等待安装操作。经过以上处理并清洗过的焊盘如图 14-82 所示。

安装芯片前，首先要在清理过的焊盘上刷一层助焊膏，如图 14-83 所示。这层助焊膏可以帮助芯片的回焊，使回焊过程更顺利、焊接效果美观。

图 14-82

图 14-83

正式安装芯片时，首先要做的工作就是定位它的第一脚，因为每个芯片都是有方向的，如果装反了，可能通电就会烧，一般情况下，焊盘和芯片上都会有第 1 脚的标志，如用一个黑点或者一个缺口来表示，如图 14-84 所示。位于这些标志左下方对应的脚就是芯片的第 1 脚，尽管这样，还是强烈建议在拆芯片前就记好哪个是第 1 脚，如果拆下芯片后没有发现明显的第 1 脚标志，往回装的时候会比较麻烦。

用镊子夹住芯片，摆放在主板焊盘上，使引脚和焊盘之间对应整齐，此时手握热风枪进行回焊，如图 14-85 所示，由于这个芯片的脚数还不是很多，所以可以比较轻松地焊上。在回焊过程中，如果发现芯片轻微不正，可以用镊子直接进行调整。

芯片焊好后，在放大镜台灯下观测每一个引脚的焊接情况，不得有焊连和空焊的情况发生，如果有焊的不好的脚，可以用尖头电烙铁补焊一下，也可以直接用风枪再重新加焊一遍，当一切都没问题后，冷却几分钟，然后用棉花蘸洗板水清洗一下，清洗处理后的芯片如图 14-86 所示。

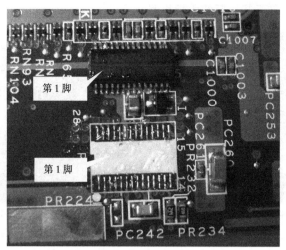

图 14-84

图 14-85

图 14-86

14.3.7　用热风枪焊接大规模芯片的焊接技巧

本节介绍一个难度比较大的大规模集成电路芯片的焊接，如图 14-87 所示。这是一个拥有 126 只引脚的芯片，这种芯片如果能熟练地拆下与装上，那么热风枪焊接技术就算过关了。

拆该芯片前，首先要在芯片的四周刷上一层助焊膏，然后用镊子夹住芯片的窄面（注意不要夹弯两边的引脚）或者把镊子从四周的任意一个空隙内插进去，然后手握风枪，快速地四面加焊，大约 2min 以后，看到芯片四周引脚上的焊锡发亮时，就可以轻轻地将芯片取下，如图 14-88 所示。

可以看到，此时的电路板焊盘显得非常乱，有些引脚锡多，有些引脚锡少，还有两个脚几乎连到了一起。芯片体积越大，取下芯片后焊盘情况就越复杂，这些都要处理一下。可以采用热风枪重吹一遍焊盘（必要时可再打上一层助焊膏），也可以用电烙铁加焊锡丝把所有焊盘重新走一遍，要把焊盘上的焊锡处理妥当，不得有连锡和明显少锡的现象。处理完后用棉花蘸洗板水清洗焊盘，清洗后的焊盘如图 14-89 所示。

图 14-87

图 14-88

如果要把旧的芯片装回去（采用拆机芯片做维修时常遇到这种情况），由于旧机的芯片在拆的过程中也会有些不妥的地方，如焊锡连脚、助焊膏过多积聚、芯片变脏等，如果这些不处理，会在很大程度上影响再次焊接的成功率和美观度，芯片清理前如图 14-90 所示。

图 14-89

图 14-90

将引脚连锡的地方清理掉，如果有不正的引脚还需要将其调正，然后用棉花蘸洗板水去清洗一下芯片，注意洗的时候要小心芯片的引脚，因为这种芯片引脚非常软，也容易断，要注意防止棉花丝将芯片引脚拉弯或者拉断，经过这些处理后的芯片效果如图 14-91 所示。

如果要更换新芯片，就不需要这一步了，因为新芯片出厂前都是处理好的。接下来就是安装了，由于芯片的体积比较大，如果单靠镊子来固定焊接可能会有些难度，这里总结了一个安装技巧。

首先，将主板焊盘上刷上一层助焊膏，然后把芯片放正，切记一定要放正。可以用电烙铁把芯片的四脚各焊上一个脚以用来固定芯片，或者先把芯片放正，然后用热风枪加焊其一面，最后四周加焊。如果操作熟练的话，也可以用镊子压住，直接加焊，如图 14-92 所示。

加焊的时候一定要注意，建议先加焊其中一排脚，然后松开风枪 10s，再松开镊子，此时刚才加焊的那一排脚就已经被焊上了，同时芯片也起到了一定的固定作用。此时可以用镊子按住刚才加焊的那一面对面的脚，然后再次加焊，同样的道理，这边也焊好后，再用同样的方法焊剩下的最后两面，最后用镊子按住芯片中间，四周再加焊一遍。

图 14-91

图 14-92

在放大镜台灯下仔细观察每个引脚的焊接情况，如果有连脚或者空脚的情况，应及时处理。如果这一切都没有问题，用棉花蘸洗板水清理芯片四周，清理后的芯片如图 14-93 所示。

新手在使用热风枪时，最容易出现的失误就是把周围很多元件吹坏或者吹飞，这是风量调得太高，或者没有掌握好其操作技巧。避免这种问题有一个比较好的方法，那就是在被焊接的芯片周围贴上隔热铝箔纸。

隔热铝箔纸如图 14-94 所示，它的外观像一卷透明胶带，具有一定的黏度，它由一种耐高温的材料制作而成，不怕加热，不变形。

图 14-93

隔热铝箔纸

图 14-94

使用时，取适量铝箔纸，将被焊接的芯片或者元件周围贴好，如图 14-95 所示，这样就可以防止在用风枪加焊芯片时不小心把其他小件吹坏或者吹飞，这个技巧对新手来说，还是非常不错的，不妨一试。

14.3.8　用热风枪焊接无引脚芯片的技巧

无引脚芯片的学名为"QFN 封装形式的芯片"，这类芯片是目前新型电路板所普

图 14-95

遍采用的芯片。无引脚芯片并不是真正的"无引脚"，而是它的引脚隐藏在背面，从正面看是看不到其引脚的，这类芯片的特点是体积可以做得超小，正符合了目前电子产品都朝轻薄、小体积发展的方向。

无引脚芯片和普通有引脚芯片的外观对比如图 14-96 所示。可以看到，这是两类完全不同类型的芯片，有引脚芯片可以轻松地看到其引脚，而无引脚芯片则看不到其引脚。

图 14-96

以一款笔记本电脑主板上采用这样的芯片为例，来详细讲解一下它的焊接技巧，图 14-97 所示为"PU1"芯片。

在拆掉该芯片之前，为了保证能将其顺利取下，最好在芯片周围刷上一些助焊膏，以保证顺利操作，如图 14-98 所示。

图 14-97

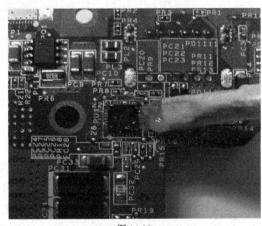

图 14-98

均匀刷上一层助焊膏后就可以用热风枪来加焊了，如图 14-99 所示。加焊时要先均匀加热一下芯片周围，使周围得到预热，再重点去加焊芯片的 4 面边缘，等 4 面焊锡全部熔化颜色发亮后，即可顺利取下该芯片。

从电路板上取下该芯片的时候，镊子一定要垂直向上提芯片，以保留焊盘上的焊锡，取芯片的方式如图 14-100 所示。可以看到，芯片是在垂直方向上与主板脱离的，这样会给主板上的焊盘保留更多的焊锡以方便回焊操作。

取掉芯片后的焊盘如图 14-101 所示，焊盘上的焊锡基本都被保留了下来，有些脚可能焊锡少了点，装的时候再补一下即可。

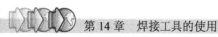

无引脚的芯片如图 14-102 所示，可以看到，它的中间是一个大地线，周围有些引脚，它的引脚都在芯片的反面，通过正面是看不到其引脚的，因此称之为"无引脚"芯片。

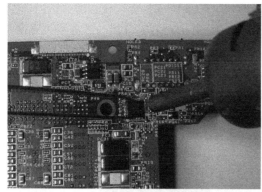

图 14-99

图 14-100

图 14-101

图 14-102

尽管该芯片引脚上的焊锡比较饱满，但为了提高成功率，还是要给 4 面引脚再加一些焊锡为好，加焊锡之前首先要在芯片引脚上涂上助焊膏。涂助焊膏的目的一是帮助加锡，二是防止两个脚之间连锡，如图 14-103 所示。

用尖头电烙铁预先粘上 1～2 个锡球（做 BGA 时给芯片放置的那种锡球即可，如果没有，用很细的焊锡丝替代也可），然后在芯片的 4 面焊盘上过一遍，以增加焊盘上焊锡的饱满度。在这个过程中助焊膏可以刷的适当多一些，助焊膏越多越容易加锡，并且不容易连锡。另外，操作速度应尽量快，以防止连锡现象的发生，如图 14-104 所示。

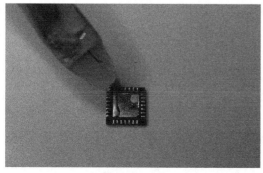

图 14-103

图 14-104

如果此时安装的是新芯片，如图 14-105 所示，这时首先要处理一下新芯片的引脚焊盘，新芯片由于放置了一段时间，可能其引脚会因有所氧化而不容易挂上锡，此时可以用刻刀轻轻地刮一下焊盘，以便更容易上锡。

用刻刀处理过的芯片焊盘如图 14-106 所示，此时再刷上助焊膏，用尖头电烙铁配合焊锡丝给其上锡就会简单很多。

图 14-105

图 14-106

采用同样的方法，在主板上把焊盘处理一下，如图 14-107 所示，步骤也是先打助焊膏再补锡。

最后一步就是往主板上回焊芯片，这一步也是最难掌握的。如图 14-108 所示，首先要把芯片的第 1 脚对好，然后把芯片放正，用镊子夹住稍做固定，先用热风枪加焊其一边的焊盘，等这边的焊锡有些熔化的时候，可以松开镊子，再用风枪加焊它的对面脚，待对面焊点加焊好后，再把另外两面焊点也加焊一下，最后把 4 面焊点一起再加焊下，直到看到焊锡全部熔化。在这个过程中，最初一定要用镊子固定，否则风枪一吹芯片就跑偏了；之后一定不要让镊子再参与，因为焊锡熔化后，芯片会在所有焊球的表面张力作用下自动摆正到芯片的正确位置，如果此时镊子继续参与，效果反而不好，并且如果镊子稍微用力向下按到芯片，还很容易导致芯片下面的焊锡发生连锡短路的现象。

图 14-107

图 14-108

在芯片焊好后，要观察下芯片四周的焊接情况，良好的焊接应为焊点颗粒饱满，无连焊和空焊现象，如图 14-109 所示。如果此时感觉焊接不是很理想，还可以再打上一些助焊膏，然后用尖头恒温电烙铁加 1～2 个锡球，把焊盘的 4 面再补焊一下，一般就会达到比较理想的效果。

图 14-109

以上介绍的是热风枪在电路板维修中的实际应用技巧，从最简单的元件焊接到最复杂的元件焊接，均全面介绍了其操作的要领，该要领也是作者 10 多年实际维修所总结的经验和技巧，希望大家仔细揣摩，认真学习，并找些相关的器材亲自实践，总结经验，领会技巧。

14.4　BGA 返修台

BGA 返修台主要用来焊接维修集成电路采用 BGA 封装形式的主板。BGA（Ball Grid Array）即球状引脚栅格阵列封装技术，又称高密度表面装配封装技术，在封装底部，引脚都成球状并排列成一个类似于格子的图案，由此命名为 BGA。

目前笔记本电脑、平板电脑、液晶电视、手机等多采用此类封装技术，主板采用 BGA 封装的芯片后，可以大大降低主板的体积，因此被广泛应用在新型电器中。

14.4.1　采用 BGA 封装的芯片类型

采用 BGA 封装技术的芯片最常见的就是笔记本和台式机主板的南桥、北桥、显卡等芯片，如图 14-110 所示，这是一个南桥芯片的正面和反面图，可以看到，BGA 芯片通过无数个锡球和主板进行焊接相连，在其外部是看不到任何芯片引脚的。

图 14-110

14.4.2　有铅与无铅的含义

在 BGA 芯片的返修过程中，经常会考虑的一个问题就是该芯片为有铅还是无铅。有铅的焊锡，其成分为 63%的锡（Sn）、37%

的铅（Pb），由于铅的熔点比锡低，因此含有铅的焊锡，其熔点要比无铅（如果不考虑杂质影响的话可以理解成纯锡）的焊锡低。通俗来讲，有铅的焊锡相对要软，无铅的焊锡相对要硬。

因为铅是一种有毒的物质，它对人体及空气环境均有一定的伤害，2010 年以后正规电器生产厂家均采用无铅的焊锡进行焊接。

判断一块主板是采用有铅还是无铅的焊接方式，除了看它的生产年代，还可以通过焊锡的颜色来进行区分。一般来讲，有铅的焊锡颜色要发黑一些，而无铅的焊锡颜色则要发白一些，另外也可以用热风枪来检验，在同样的温度和风量调节下，哪个板的焊锡更容易熔化，哪个板就一定是有铅的。

14.4.3　BGA 焊接的风险

BGA 焊接操作在维修过程中是有一定风险存在的。根据 BGA 焊接的特点，BGA 焊接要在接近 300℃ 的高温下进行，只有所有的锡球都完全熔化并且焊接良好的情况下，它才算会成功。如有一个锡球没有焊好或者主板在高温下产生变形或者焊盘脱落，或者在高温情况下，主板上的其他元件因耐不住高温而损坏，都会导致 BGA 焊接的失败，BGA 焊接失败后，机器的故障现象有可能会与原来不同，例如，原机的故障现象是花屏，需要做显卡的 BGA 焊接，如果 BGA 焊接失败，则可能会导致机器开机不显示或者直接不开机。

再如所有的 USB 口都不能用的笔记本电脑（此时可以正常点亮进入系统），需要更换南桥，如果在更换南桥的时候做 BGA 焊接失败，机器可能就会直接不开机。因此，在进行 BGA 焊接操作前一定要和客户讲清楚风险，以免产生不必要的麻烦。因为有些失败的情况并不是人为造成的，是主板的耐温能力不够或者其他不可预见的意外。如果设备没有问题，操作没有失误，故障判断准确的话，BGA 焊接的成功率一般都会在 90% 以上。

14.4.4　带胶 BGA 芯片的去胶方法

为了防止 BGA 芯片的松动，采用 BGA 芯片的主板厂商在出厂时经常会在 BGA 芯片上打上一些固定胶，在做 BGA 焊接之前，要先对这些固定胶进行处理，BGA 固定胶的存在也给 BGA 焊接操作增加了一定的难度。BGA 固定胶一般有以下几种。

1. 点胶

点胶是指主板生产时在 BGA 芯片的 4 个角点上胶点，用来将芯片固定，一般是黑色胶，如图 14-111 所示。这种芯片的去胶方法是用热风枪轻吹这些胶点，同时用尖头镊子轻轻挑去胶点即可，需要注意的是，镊子的头一定要避免划伤主板上的线。

2. 白胶

白胶是指主板生产时在 BGA 芯片的 4 个角涂有该胶，因该胶的颜色为白色，所以称为"白胶"。白胶一般是横折型，如图 14-112 所示。

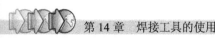

图 14-111

图 14-112

该胶的去胶方法是用 BGA 芯片专用去胶水浸泡，去胶水是专为处理 BGA 芯片固定胶而开发的一种物质，它具有快速溶解 BGA 固定胶而同时又不伤害电路的作用，常见的去胶水如图 14-113 所示。

它的使用方法是先在被去胶的 BGA 芯片四周用棉花揉成团围一圈，再用针管吸取适量的去胶水，轻轻滴在棉花上，以棉花能被去胶水所浸透为标准，如图 14-114 所示。

在加入 BGA 专用去胶水后，BGA 固定胶也并不是立即就可以去掉的，大约需要 30min 的溶解时间。在这段时间内，为了防止去胶水的挥发，需要在芯片上方盖一个纸杯或者用塑料薄膜封住，如图 14-115 所示。大约 30min 后，该胶就会自然溶解脱落。

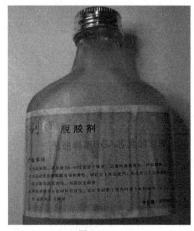

图 14-113

图 14-114

3. 半角红胶

半角红胶是指主板在生产时芯片四周涂有红胶，但红胶并没有完全覆盖整个芯片边缘，因此称为"半角红胶"。该红胶的位置和白胶几乎一样，也是在芯片的 4 个角有胶，但它比白胶更硬、更难去掉，如图 14-116 所示。这种固定胶的去法和白胶一样，也是用去胶水浸泡，只是需要浸泡的时间更长，如果泡胶效果不理想，可以尝试用热风枪轻吹，然后用尖镊子挑去胶。该胶因其颜色为红色，因此被命名为"红胶"。

图 14-115

图 14-116

4. 四周红胶

四周红胶是指主板在生产时芯片四周均涂有红胶，该胶将芯片的四周完全覆盖，如图 14-117 所示。这种胶的去法和半角红胶一样，只是去除难度比半角红胶更大。

5. 灌黑胶

灌黑胶是指主板生产时在 BGA 芯片四周注入黑色的稀胶，这种胶一般要覆盖到芯片内部的 3~4 层锡球。这种胶单纯从外观来看，和没有灌胶是一样的，需要斜对芯片仔细看才可以看出来，如图 14-118 所示。

图 14-117

图 14-118

这种胶是没有办法去除的，只能强行将芯片取下。在给这种芯片做 BGA 焊接时，风险是最高的，加焊就会冒出锡球，甚至周围的 BGA 芯片也会冒出锡球。作者有一次在给一个灌胶的显卡加焊，不但显卡冒锡出来，就连周围的南桥和北桥也同时冒锡出来，最后只能把所有的桥重新做了一遍 BGA 焊接操作，机器才得以修复。因此，这种芯片虚焊后是不适合做 BGA 焊接的，成功率太低。

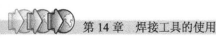

采用这种封胶的主板，如果加焊该芯片，就会容易冒锡（冒锡就是内部锡球在高温下与该胶进行相互作用而导致锡球大面积相连短路，从而使芯片内部会挤出来一部分焊锡，看到芯片冒锡，就能判断其内部已短路损坏）。既然不能加焊该芯片，就只能将其取下，因为有胶的存在，取芯片时就会很容易使主板掉焊盘（掉焊盘是指在取芯片时，由于胶的存在，它会粘连一部分主板上的焊盘随芯片的取下而一起下来，这对主板来说也是致命的伤害），因此，采用这类封胶的主板，做 BGA 焊接时成功率非常低，建议提前做好失败的打算。

当然，这类芯片成功的案例也很多，只是要了解它的特点，以便提前和客户说明，要争得客户的允许，以免操作失败和客户之间引起不必要的麻烦。遇到这类芯片需要做 BGA，建议直接换主板。

14.4.5 BGA 芯片去胶过程中的注意事项

BGA 芯片在去胶过程中，要注意的一点是用尖镊子挑胶时，镊子的尖一定要平着或者稍微向上弯曲，如图 14-119 所示。如果镊子尖向下弯很可能会划断芯片下面的主板走线，新手维修过程中经常会有在去胶时将主板走线划断的情况发生，从而导致 BGA 焊接操作后机器的故障现象出现了恶化甚至不开机，最后经检测均是人为划断了一些连线，这里需要给大家特别强调这一点。

图 14-119

14.4.6 BGA 焊接操作中的主要工具

BGA 焊接操作中的主要工具有 BGA 返修台设备、各种锡球（常用的有直径为 0.76mm、0.6mm、0.5mm、0.45mm、0.3mm 等规格）、棉花、镊子、洗板水、钢网、置锡台、助焊膏、吸锡线、恒温烙铁、热风枪、隔热铝箔纸等。

14.4.7 取 BGA 芯片前的准备工作

取 BGA 芯片就是把该芯片从主板上取下来，无论重做 BGA 焊接还是更换 BGA 芯片，第一步就是要将旧的 BGA 芯片取下来，正确地取下 BGA 芯片有助于提高再次 BGA 焊接的成功率。

取 BGA 芯片前要先将主板上的纽扣电池取下，因为电池在高温的烘烤下可能会产生爆炸现象，主板带电池上 BGA 台是非常危险的。其次，就是在被取的芯片周围贴上一层铝箔纸，贴这层铝箔纸的目的是防止在高温下伤到周围其他元件，如图 14-120 所示。

需要注意的是贴纸距离芯片边缘要留有 1mm 左右的距离，以方便将助焊膏吹进去。取适量的助焊膏涂在芯片周围并用热风枪微温吹进去，可以起到滋润锡球的作用，会更加有利于芯片的取下，如图 14-121 所示。

图 14-120

图 14-121

14.4.8　取 BGA 芯片的注意事项及技巧

如果 BGA 芯片内的锡球严重老化或者芯片本身已坏，这时就需要将芯片从主板上取下来重新置球或者更换新芯片，取 BGA 芯片时容易对主板造成损伤从而会影响往上做芯片时的成功率，因此需要掌握一定的技巧。

在取芯片之前先要在芯片的周围贴上隔热用的铝箔纸，一是防止周围其它元器件被高温烤坏，特别是周围如果有塑料元件的话就更要贴；二是可以防止周围的小元件不被高温的热风吹飞。

（1）贴纸要选择质量好一点的，一般厚一点的会比较好，如果贴的太薄则达不到预期的效果，如果买到了质量不好的贴纸，可以多贴几层用来改善其效果。贴纸离芯片要有 1mm 左右的距离，不要贴的太近，在锡球完全熔化后要用轻推芯片的方法来判断其是否熔化，如果贴纸离芯片太近，则无法进行推桥工作，如图 14-122 所示。

（2）取适量的助焊膏涂在芯片周围，这里可以采用便宜一点的助焊膏，用热风枪将其从芯片四周均匀吹进去，当锡球完全熔化后，在焊膏的滋润下，更有利于成功取出芯片，如图 14-123 所示。

图 14-122

图 14-123

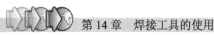

（3）将笔记本电脑主板平放在 BGA 设备上，下风口离主板 1cm 左右，上风口离芯片 1mm 左右，如图 14-124 所示。这里需要说明的是，主板一定要放平，否则在高温下，主板可能会由于不平而导致主板变形，从而影响成功率。另外需要注意的还有芯片周围及背面如果有塑料贴纸要撕去，否则在高温下塑料贴纸收缩可能会粘掉小的元器件。另外，主板上 BGA 设备前，一定要把 BIOS 电池取下，否则电池在高温下可能产生爆炸！

（4）在 BGA 设备显示实际温度达到 200℃以后，此时要用平口螺丝刀轻推芯片（一定要轻，否则可能将芯片推偏），如果推不动，则继续加热，如果芯片内部所有的锡球都已熔化，芯片可以轻轻被推动并且可以自动弹回来（这是由于锡球变成液体球后的表面张力决定的，通过这个方法来判断锡球是否完全熔化）。此时稍等几秒，移开上加热头并迅速用提前已开启的真空吸笔将芯片垂直吸起，如图 14-125 所示。

图 14-124

图 14-125

14.4.9 取下 BGA 芯片后的焊盘处理

将 BGA 芯片取下后，主板的焊盘上一般会有残留的焊锡，如图 14-126 所示。这时必须将其清理干净才可以重新上新的芯片。

清理多余焊锡常用的工具是吸锡线，开始焊盘上的焊锡残留物比较多，可以先用电烙铁将焊锡简单收一下，剩余的少量焊锡再用吸锡线去吸，如图 14-127 所示。如果开始就用吸锡线直接去吸，会浪费太多的吸锡线。

在用吸锡线吸多余的焊锡时，首先要把吸锡线放到焊膏里，然后用电烙铁加热一下，使得吸锡线中浸满助焊膏以方便拖锡，如图 14-128 所示。

在拖锡的过程中，要注意力度均匀，遇到拖不动的地方不要强行用力，否则容易将焊盘拖掉，此时可以用电烙铁再多加热一会即可继续拖，如图 14-129 所示。

根据维修经验，一般拖掉 5 个点以上该 BGA 操作就很难再成功了，因为有些点可能是地线，掉焊盘对 BGA 焊接操作的成功率影响很大。

用吸锡线拖好后并用棉花蘸洗板水清理焊盘上的多余助焊膏，如图 14-130 所示，可以看到焊盘非常平整，有绝缘漆的地方不要破皮，否则重新装回芯片后容易导致短路。

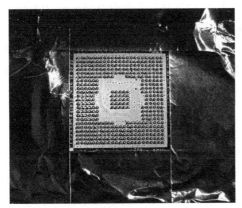

图 14-126

图 14-127

图 14-128

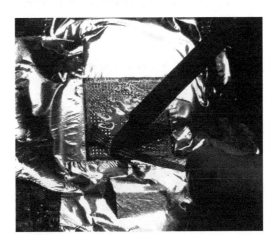

图 14-129

图 14-130

14.4.10 BGA 芯片的置球工作

芯片置球技术一般用于重做 BGA 时，也就是说原芯片下面的锡球严重老化需要更换，此时可以将芯片取下，将里面的锡球重新更换，维修过程中常把这一过程称为"重置"。

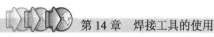

在各种常见电路板中，BGA 芯片采用的锡球种类（以直径划分）主要有 0.76mm、0.6mm、0.5mm、0.45mm 和 0.3mm 等，其中直径为 0.76mm 的锡球主要用在南桥和 CPU 座，直径 0.6mm 的锡球主要用于北桥芯片及部分新款南桥芯片，直径 0.5mm 的锡球主要用于显卡的显存芯片，直径 0.45mm 的锡球主要用于新款显卡芯片，直径 0.3mm 的锡球主要用于新款显存。电子产品越新，其所采用的锡球直径就越小，这是因为电子产品越来集成度越高、体积越小。

1．芯片置球前的准备工作

将 BGA 芯片从主板上取下来以后，芯片上也会留有多余的焊锡，因此需要将这些焊锡清理完毕才可以重新置球。清理方法和清理主板几乎是一样的，也是先用电烙铁收一下大的锡点，如图 14-131 所示。

大的焊锡被电烙铁收掉后，再用吸锡线拖平。拖的时候要注意用力，如果遇到拖不动的地方不要硬拖，可以多加热一会吸锡线，如图 14-132 所示。

图 14-131

图 14-132

将芯片用洗板水清洗一下，如图 14-133 所示，清理后的芯片表面应非常平整和干净。

最后在被置球的 BGA 芯片上涂上适量的助焊膏，此时必须要用质量好的助焊膏以提高其成功率，用毛刷轻轻涂上薄薄的一层助焊膏，如图 14-134 所示。如果膏涂多了，烤的时候锡球会游动相连；如果膏涂少了，锡球就不容易完全熔化，这里的技巧是，每个焊点都要刷上助焊膏，但是每个焊点的助焊膏都要保证最薄。

图 14-133

图 14-134

2. 芯片置球的常用方式

芯片置球的常用方式有 3 种，分别是采用通用钢网置球、采用专用钢网置球、采用纯手工置球，接下来分别介绍它们。

（1）通用钢网

通用钢网又称万能钢网，它是以锡球的直径大小来划分，常用的规格有直径 0.76mm、直径 0.6mm 和直径 0.5mm 规格 3 种，如图 14-135 所示。

通用钢网要配合通用置锡台才可以使用，通用钢网的轮廓尺寸和通用置锡台刚好对应，在通用置锡台上面有个可以安装通用钢网的架子，松开四周的螺钉即可将通用钢网方便地安装进去，如图 14-136 所示。

图 14-135

将被置的芯片固定在置锡台上，芯片要尽可能在置锡台的正中间，这样可以方便置球，芯片位置固定好后，用内 6 棱螺丝刀将四面的固定卡子拧紧，如图 14-137 所示。

图 14-136

图 14-137

转动带有通用钢网的置锡台上盖（通用钢网的选择很简单，只要其孔的直径和被置球的芯片所采用的锡球直径一致即可），使其和被置球的芯片焊盘一一对应即可，如图 14-138 所示。

然后用美工贴纸贴住芯片不需要锡球的地方所对应的钢网位置，只将芯片需要置锡球的地方漏出来即可，如图 14-139 所示。如果芯片的形状规则，贴纸是比较简单的，如果芯片的形状不规则，贴纸会有点麻烦，这也是采用通用钢网的不便之处。

接下来往通用置锡台里倒入适量的锡球，注意一开始要尽可能少倒，如果倒多了，剩下的锡球由于可能会沾上助焊膏，不能再次使用，如图 14-140 所示。

抓住通用置锡台的两个手柄轻轻摇晃它，使锡球一一落入对应的钢网孔里，多余的锡球让它流向通用置锡台一角，如图 14-141 所示。

图 14-138

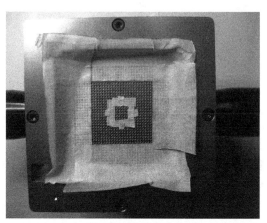

图 14-139

图 14-140

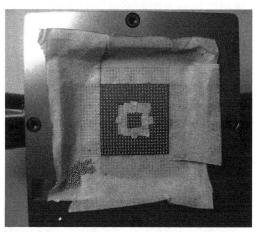

图 14-141

　　抓住置锡台的两个手柄并迅速向下按压，将通用置锡台的上盖（固定钢网的部分）和被置球的芯片迅速分离，速度一定要快，否则锡球就会错位，如图 14-142 所示。

　　此时要观察一下锡球的分布情况，如果锡球有漏掉的或者移位的或者多余的，可以手工处理一下，但一定要保证不得有漏球和连球现象的发生。

　　（2）专用钢网

　　专用钢网的实物如图 14-143 所示，可以看到它的种类非常多，因为专用钢网是和芯片一一对应的，有多少种芯片形状规格就会有多少种专用钢网，维修中常用的专用钢网准备50～60 种即可。

　　将通用置锡台完全用美工贴纸贴住，然后给被置球的芯片刷上一层薄薄的助焊膏，再选择一个和被置球的芯片完全对应的专用钢网，将其对应后放到置锡台里，如图 14-144 所示。

　　同样的方法，将适量的锡球倒入专用钢网，然后用一纸条轻轻推动这些锡球，使其一一落入孔中，如图 14-145 所示。

　　此时有两种选择，一是轻轻取掉专用钢网，然后观察有没有漏球或偏球，如果有，手工处理一下即可，然后等待下一步烤球，如图 14-146 所示；二是不取钢网，下一步带钢网直接加热。下面分析一下这两种情况的利弊：

图 14-142

图 14-143

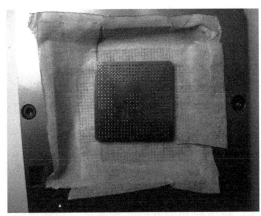

图 14-144

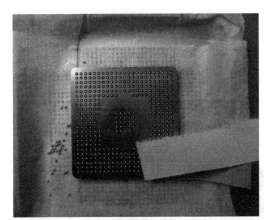

图 14-145

　　如果取下钢网，优点是下一步烤球时比较直接和方便，缺点是取网时可能不小心将锡球打乱，如果乱的不严重，直接调整一下即可，如果乱的很严重，可能要重置。另外，如果取下钢网加焊，前期涂的助焊膏多容易连球。

　　如果不取钢网，优点是可以直接带钢网加热，不用担心取网时出现差错。缺点是由于钢网具有一定的散热作用，因此带钢网烤球的话，烤的时间会比不带钢网长一些，另外带钢网烤球，锡球熔化后，由于助焊膏在烤球过程中的高温过后，会和钢网牢固地粘在一起，也就是说，烤球成功后摘取钢网成了一个新的难题，有时候钢网都变形了还是不容易取下。这里有个小技巧，那就是不要等芯片完全凉了再取，在芯片微温、不烫手的情况下就取，相对会比较简单一些，当然也不可以取的过早，否则芯片上的锡球由于未完全冷却，容易使锡球脱落。

　　以上两种方法大家可以动手实验一下，选择一种适合自己的方法。

　　（3）纯手工置球的方法

　　如果通用钢网不合适，又没有专用钢网，可以采用纯手工置球，将被置球的芯片上刷上一层助焊膏后，将适量的锡球倒在芯片上，然后用镊子一个一个向上推，这种方法在维修中常称为"推球"，如图 14-147 所示。这种办法虽然看似麻烦，但如果熟练以后也是很快的。

图 14-146

图 14-147

3. 置球过后的烤球操作

置球结束后，接下来的工作就是烤球，烤球就是在高温下将锡球和芯片上的焊盘焊接在一起，烤球有二种方法，一是用风枪烤；二是用 BGA 设备烤，下面分别介绍。

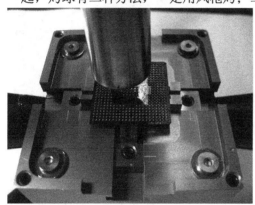

图 14-148

（1）用热风枪烤球

将热风枪拆掉其热风头，然后将风量调到"3"，将温度调到整个热风枪温度的 3/4 处，在距离芯片 2cm 的距离进行烘烤，如图 14-148 所示。

首先要均匀转动热风枪的风头，以使芯片能得到良好的预热，然后从一个角开始以螺旋的方式向前撵球，锡球起初会变的比较零乱，当锡球熔化后，会自动回位而变的非常整齐。如果在烤的过程中发现有连球的迹象，需要立即停止加热，将它们移开后才可以继续加热，因为锡球一旦熔为一体，就很难再分开，有时为了分开两个已经连在一起的球，要破坏很多已经烤好的球。

如果在烤的过程中发现锡球不回位，说明涂的助焊膏过少，此时可以再稍加一点助焊膏，如果发现烤的过程中有多处连球，说明涂的助焊膏过多。这里需要特别强调的是，风口要晃动着吹，不要朝一个方向长时间吹，那样容易爆桥（暴桥就是芯片在高温下炸裂，等于报废），如果在烤球的过程中听到清脆的"啪"一声响，说明芯片被烤爆，基本可以判断不能再用了。

（2）用 BGA 焊接设备烤球

用 BGA 焊接设备烤球是比较安全的，方法是先找一块废主板，将待烤的芯片放在该主板较平处，然后调整上加热头距芯片 5cm 左右，如图 14-149 所示。密切观察锡球的熔化情况，一般在 180°左右可以看到锡球熔化后会非常整齐，当锡球全部变得非常整齐后，说明已全部熔化，此时再稍停留几秒即可将上加热头移开。

由于 BGA 焊接设备温度控制较准，一般情况下不会爆桥，但是一旦锡球全部熔化后也要尽可能早点移开加热头，防止温度继续升高增加爆桥的机会。在烤球过程中如果发现有连球现象，一定要先分开后才可以继续烤，烤球结束，将芯片自然冷却 5min，整个过程结束。

图 14-149

置球后要检查每排锡球都要非常笔直，不得有漏球、连球以及偏球现象的存在，如果有可以用风枪修正一下。

需要说明的是，新买的芯片都是置好球的，只有将旧芯片重做 BGA 或者新芯片做 BGA 失败后重做时才需要置球。另外，新芯片购买回来后，一定要问清商家是有铅还是无铅的焊锡，因为这会影响到你用什么样的曲线来做。推荐大家购买有铅的芯片，因其锡球的熔点较低，这样做起来成功率更高一些，也有很多维修工，为了提高成功率，将买回来的无铅的芯片改成有铅再去做（有时候某些芯片，特别是新型的芯片，可能只有无铅的，那就只能冒险用无铅去做或者改成有铅。如果 BGA 设备合格，无铅的成功率也是很高的）。

14.4.11　初级型 BGA 焊接设备介绍

由于 BGA 焊接设备比较昂贵，本公司开发了一款初级型简易红外线加热式 BGA 焊接设备，比较适合小规模的维修公司。另外，简易型 BGA 焊接设备还具有烘烤进水电路板和置球时做加热使用等功能，因此也被一些中大型维修公司作为维修时的辅助工具。

初级型 BGA 焊接设备如图 14-150 所示，该设备主要由上加热器、下加热器以及照明灯、温度控制器及相关仪表等组成，其中整机加热丝组件均为进口配件，温度表和温度传感器由国内一线厂家直供，其质量及维修成功率相对较高。

这是一台两温区 BGA 焊接设备，两温区是指它只有两个发热区，一个是上加热器发热区（上温区），主要给主板上的 BGA 芯片上面加热；一个是下加热器发热区（下温区），给整个被修主板预热。两温区的 BGA 焊接设备应对于有铅的主板，因为有铅的主板其焊锡熔点比较低，很容易就能成功。但用这个设备去做无铅的主板 BGA 焊接，则会感觉比较吃力，因为无铅的焊锡熔点较高，需要把上温区和下温区的温度同时提高，而上温区和下温区的温度同时提高后，又会对主板造成一些未知的损坏隐患，因此它并不适合做目前最新的无铅主板的 BGA 焊接工作，或者说用它来做无铅的主板 BGA 焊接工作的成功率会降低一些。

图 14-150

　　该设备整机控制部分主要由上加热器开关、下加热器开关、照明灯开关等组成，如图 14-151 所示。

　　温度控制部分有上加热器控制和下加热器控制两个仪表，其设定方法是完全一样的，这里以上加热器为例讲一下它的设定方法，如图 14-152 所示。首先按住"SET"键不放，直到温度显示数字闪烁，然后通过向左键选择要调整的位数，通过上、下键进行加减，调整完毕后再次按下"SET"键即可自动保存。

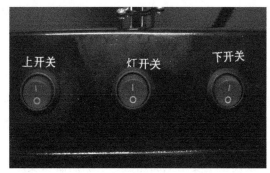

图 14-151

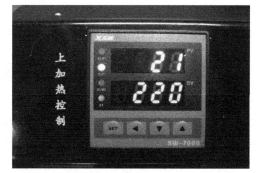

图 14-152

14.4.12　中级型 BGA 焊接设备介绍

　　目前，国内维修中相对比较先进的中级型 BGA 焊接设备均是三温区加热，即由芯片上面加热区、芯片下面加热区、整个电路板预热区 3 个温区组成，3 个温区均独立控制。采用这种方式的 BGA 焊接设备其成功率比较高，上、下加热区可以使芯片迅速升温，整个电路板预热区可以防止电路板由于局部受热而导致的变形现象。该 BGA 焊接设备如图 14-153 所示，它也是作者实体维修连锁店面里所定制的专用设备。

　　由于该设备在被修芯片的下面多了一个温区，因此用它来维修无铅的最新主板比两温区的 BGA 焊接设备轻松很多，成功率也提高了很多。

BGA 焊接设备的外壳基本都是一样的，不同是内部的配置，建议其核心组件，如上加热丝、下加热丝、上风机马达、控制仪表、温度反馈系统等一定要采用优质原装件，其他相对不是很重要的组件，如下发热砖、照明灯、支架等可以采用普通件，建议大家不要图便宜去买配置低的 BGA 焊接设备，否则会严重影响维修成功率，甚至报废笔记本电脑主板。

该机器的优点不但是 3 个温区独立加热，并且每个温区在加热过程中都是曲线上升的，如设定的最高温度是 228℃，它并不是直接由 0℃上升到 228℃，而是上升到 90℃停留 30s 然后再上升到 130℃停留 45s 等，曲线可以任意设定，这样做的目的让被修电路板能有个适应的过程，也是为了提高 BGA 焊接的成功率。

该机器的侧面有一个总的空气开关，如图 14-154 所示。拨到"ON"是开启电源，此时机器各指示灯亮起，处于待机状态；拨到"OFF"是关闭电源，此时机器熄灭一切指示灯。

需要提醒大家的是，该机器全负荷工作的时候，其功率接近 5000W，所以，安装时一定要采用专门的插座与合适的连线，最好单独供电，以防烧坏主线路。

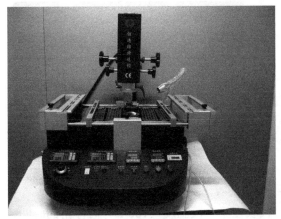

图 14-153

图 14-154

该机器的整机控制面板如图 14-155 所示。该面板主要包括上头温度控制器、下头温度控制器、预热台温度控制器、整机温度超高控制、上头热风大小调节、冷却开关、真空开关、运行指示灯、测温接口、照明开关、启动按钮、停止按钮等，下面一一介绍它们的功能。

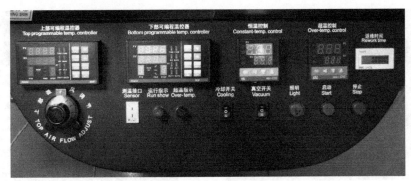

图 14-155

1. 上部温度控制器

它是用来控制芯片上部加热器而设置的控制单元，属于可编程控制器（可走曲线），可以设定其最高能达到的温度、温度上升的斜率（如 1s 增加 3℃还是 5℃）、共分几段走完、每段所要到达的温度、每段的停留时间等参数，并可以存储 10 组温度曲线设定以用来适应不同的主板和芯片，其设置方法如下。

① 反复按上部可编程温控器的 PTN 键，可以循环选择从 0～9 共 10 组曲线的设定，以第 1 组为例，如图 14-156 所示。

② 按下"SET"键，再按下"PAR"键选择到"R1"设置，这里代表斜率，通过上、下加减键将其设置为"3"，也就是每秒温度上升 3℃。

③ 再次按下"PAR"键，选择到"L1"设置，代表第一段要达到的温度，这里要依据 BGA 返修台温度参数表来设定（该温度参数表由厂家提供），通过上下加减键将其设定为 160℃，如图 14-157 所示。

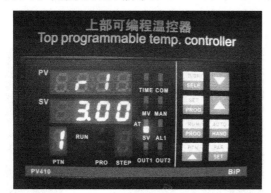

图 14-156

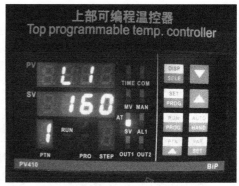

图 14-157

④ 再次按"PAR"键选择到"d1"设置，代表在第一段温度（160℃）时停留的时间，这个设置同样要依据 BGA 返修台参数表，每段的参数只有 3 个，分别是斜率、该段温度值、停留时间值，如图 14-158 所示。

⑤ 再次按"PAR"键，则跳到第二段设置，如图 14-159 所示。设置方法与之前完全一样，这里不再重复，直到所有的段值都设置完毕，自动保存参数。用同样的方法设置不同的曲线表，在下次使用时直接调出组数即可，不需要重复设定。

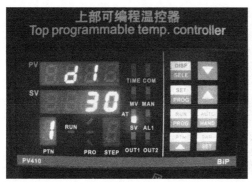

图 14-158

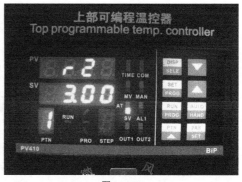

图 14-159

2. 下部温度控制器

它是用来控制芯片下部加热器设置的控制单元，也属于可编程控制器，它所能设定的参数和设定方法与上部温度控制器完全一样，同时也可以存储 10 组温度曲线设定。

3. 预热台温度控制器

预热台温度控制器用于控制整个大预热台的温度，这个是不走曲线的，设定好最高温度后，它会从 0℃ 慢慢上升到设定温度，用来对整个电路板进行预热，如图 14-160 所示。

它的设定方法是按"SET"键不动，直到屏幕闪烁，然后按向左键选择位数，再按上下键进行调节，直到满足需求。预热台温度一般调到 180℃ 左右即可，温度太高电路板底部容易掉件，温度太低则会延长焊接时间。

4. 整机温度超高控制

整机温度超高控制是用来监控整个 BGA 焊接设备的整体温度，一般该温度设定到 70℃，当 BGA 设备整机超过这个温度时，该设备会自动切断所有电源以保护机器，同时发出警报，控制器如图 14-161 所示。

它的设置方法和预热台仪表完全一样，超温度控制一般设定到 70℃ 左右即可，BGA 设备整机在正常工作时，其温度一般不会超过 50℃。

图 14-160

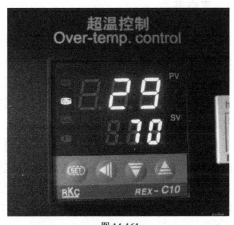

图 14-161

5. 上部热风大小调节

上部热风大小调节用来调整上头风机的出风大小，风量太小容易导致上部干烘、烤爆芯片等，风量太大容易吹跑元件，一般设定到"8"左右即可。该旋钮不可以调整为 0，如调整为 0，则上部没有风出来，上部内的加热丝会干烧，此时很容易烧坏其内部加热丝，因此，最新款的 BGA 焊接设备取消了该按钮，改为自动控制风量，主要就是为了避免误操作导致的机器损毁。该调节旋钮如图 14-162 所示。

图 14-162

6. 冷却开关

冷却开关是在 BGA 焊接完成后对电路板吹冷风用的一个控制开关，它有两个挡位，一个是自动，另一个是手动。打到自动挡，每次做完 BGA 焊接后，机器会自动吹出 20s 的冷风；打到手动挡即吹冷风，直到手工关闭。但该控制是受控于加热器工作的，也就是说，冷风的吹出是在机器停止加热后进行的工作，如果机器正在加热，这个开关无论打在自动挡还是手动挡，均不会有冷风吹出。

7. 真空开关

真空开关是在取芯片时所用的，它同样也有两个挡位，一个是自动挡，另一个是手动挡，打到自动挡上，每次做完 BGA 焊接后，机器会自动开启 20s 的真空，用来取掉芯片；打到手动挡上，打上即开启真空，直到手工关闭。需要注意的是，真空开启后，需要用手按住真空吸笔的进气孔，真空吸笔才具有吸力。

另外，在用真孔笔取芯片时，一定要提前检查真空笔的吸力，避免芯片在高温下焊锡已熔化待取时却发现真空笔不能用的情况。冷却开关和真空开关的控制按钮如图 14-163 所示，其中"一"代表手动挡位，"O"代表关闭，"二"代表自动挡位。

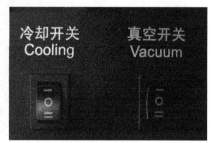

图 14-163

8. 测温接口

该 BGA 设备带了一个外部测温接口，当怀疑机器温度不准时，可以外插一根温度检测线到测温接口，此时机器会自动关闭内部温度感应头，采用外部温度感应，该操作主要用来对 BGA 设备进行温度校准。

9. 运行指示灯

运行指示灯指示了整个机器运行的状态。绿灯亮代表机器正在运行，绿灯熄灭代表机器停止运行或处于待机状态，超温指示灯亮代表机器出现温度过高的故障，此时应迅速断电检查。整机每个灯都代表了其特定的含义，操作时需要全面观察以防意外的发生，测温端口与运行指示灯、超温指示灯如图 14-164 所示。

图 14-164

10. 照明开关、启动按钮、停止按钮

照明开关是用来控制开启和关闭高亮的照明灯，该灯的主要作用是在操作 BGA 焊接时辅助观察锡球的熔化情况。

启动按钮用来启动设备，停止按钮用来随时关闭正在工作的设备，机器在运行程序结束后会自动关闭，如果在其自动关闭前感觉芯片已焊好，也可手动通过该按钮随时手动关闭机器，如图 14-165 所示。

图 14-165

14.4.13　高级型 BGA 焊接设备介绍

高级型 BGA 焊接设备如图 14-166 所示，它的总体感觉和中级型 BGA 焊接设备差不多，只是中级型 BGA 焊接设备采用的是很多单个的控制仪表来进行分别控制，而高级型 BGA 焊接设备采用的是一块液晶屏统一控制。

这款设备也是定制产品，型号是"HD-A1"，如图 14-167 所示，其头部有其型号标识。

该设备控制面板比较简单，如图 14-168 所示，其控制面板主要由一块液晶屏和左边两个接口及右边两个开关所组成。

左边的两个接口一个是测温接口，用来校准 BGA 焊接设备的温度参数，一个是 USB 数

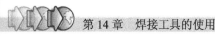

据通信接口，可以和计算机进行通信及通过 U 盘进行内部数据的升级、调试、读取等工作，如图 14-169 所示。

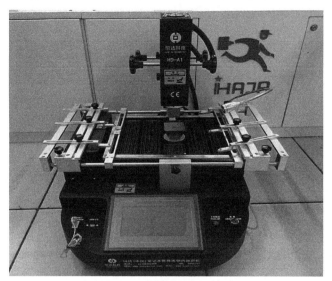

图 14-166

图 14-167

　　右边的两个开关分别是工作照明灯控制开关和急停开关，如图 14-170 所示，工作照明灯控制开关可以用来控制照明灯的开启与关闭，急停开关可以用来控制整个机器在任何工作状态下的立即停止工作。

　　该机的所有控制部分均集成在一块液晶屏内，如图 14-171 所示，通过该液晶屏的使用，不但省去了多个控制器的繁琐，而且所有功能全部采用液晶屏进行触摸控制，大大降低了该机的触点故障率，摆在维修店面里也显得很上档次。

　　开机后的液晶屏首先是一个欢迎界面，如图 14-172 所示，包括产品型号及技术支持信息，语言方面支持简体中文和英文两种菜单，用户可以根据自己的使用环境进入不同的系统，一般选简体中文。

图 14-168

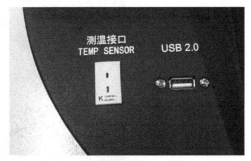

图 14-169

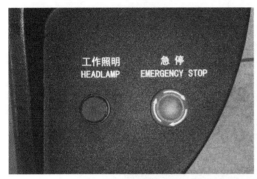

图 14-170

图 14-171

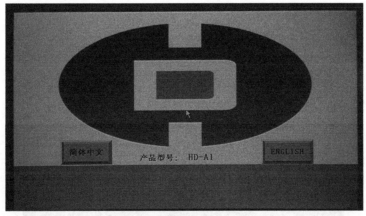

图 14-172

因该设备的技术比较先进，因此在进入控制系统前，设备首先会验证操作者的身份，也就是需要输入系统密码，只有知道该机密码的操作人员才能使用它，如图 14-173 所示。

该机的初始密码是"8888"，也可以后续由管理员进行更改，输入密码后单击"确定"按钮，如图 14-174 所示。

进入系统后的主菜单如图 14-175 所示，这是一个全中文的操作界面，包括启动、停止、冷却、真空吸笔开启与关闭等等所有的控制功能省去了很多机械按钮，集成度很高。

由于界面是全中文的菜单，所以通俗易懂，操作者很容易熟练掌握它的使用方法，并且随设备发放的也有操作视频讲解。

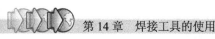

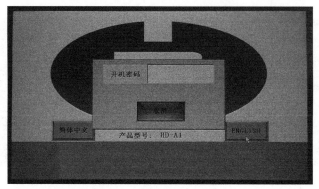

图 14-173

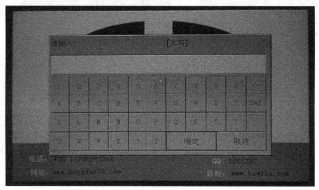

图 14-174

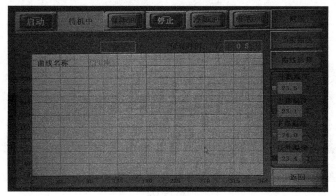

图 14-175

　　和中级型 BGA 焊接设备一样，该设备在焊接时也是走曲线式，并且在设备内部可以存储多种曲线表，如图 14-176 所示。该曲线表由 BGA 工厂提供，使用者根据厂家提供的标准再结合实际情况，进行灵活运用。

　　这是正在工作中的设备状态，如图 14-177 所示。图中选择的曲线名称是"无铅 2"，表明它目前正在运行的是用来焊接无铅主板的一组曲线，这里的"无铅 2"是人工进行的命名，也可以命名为"无铅主板焊接"等名称，主要用来做曲线之间的区别，无本质意义。

　　3 个温区分别用 3 条不同的曲线来表示，通过该曲线，可以将温度的上升情况及在每段的停留时间情况一目了然，同时液晶屏上还会显示加热的总时间。

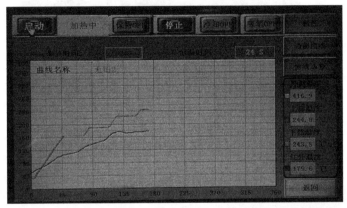

图 14-176

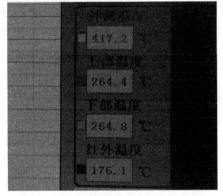

图 14-177

屏幕右下角还有温度的实时监控，如图 14-178 所示。此时的上部温度是 264.4℃，下部温度是 264℃，红外温度（给整个主板预热的发热区）是 176.1℃，外测温度是校准时才有意义的数据，这里不用考虑。

通过该数据可以看到，上部温度和下部温度基本一致，本来有 3 条温度曲线，只在图 14-177 中看到了两条曲线，这是因为上头和下头的温度差不大，曲线重合了。

在实际的液晶屏显示中，就算曲线重合，也可

图 14-178

以清楚地看到每个曲线的情况，因为它们的曲线颜色不同，上部的曲线是红色，下部的曲线是绿色，红外温度是蓝色。

14.4.14　豪华型光学定位 BGA 焊接设备介绍

豪华型光学定位 BGA 焊接设备是目前市场上档次最高的 BGA 焊接设备，它主要分为两种类型，一种是手动进行对位，另一种是自动对位。下面介绍一款手动型对位设备，如图

14-179 所示，其型号是 HD-A2。

图 14-179

　　光学定位是指在将 BGA 芯片往主板上安装的时候，芯片的放置采用的定位方式不含光学定位的 BGA 焊接设备，芯片往主板上放置时凭操作人员的感觉，觉得正了就可以，这里有很大的操作随意性。带光学定位的 BGA 焊接设备，芯片往主板上放置时，会通过红外线进行对准，同时在外接显示屏上可以精确地看到芯片与主板的对接情况，通过手动调整芯片的左右、上下位置，用来实现被焊接的芯片和主板之间的对应 100%重合。

　　这款机器和高档型 BGA 焊接设备相比，主要是增加了光学定位功能（手动调整），它还具备以下新功能。

- 加热头和贴装头一体化设计，高清触摸屏人机界面，PLC 控制,并具有瞬间曲线分析功能。实时显示设定和实测温度曲线，并可对曲线进行分析纠正。
- 高精度 K 型热电偶闭环控制和温度自动补偿系统，并结合 PLC 和温度模块实现对温度的精准控制，保持温度偏差在±2℃。同时外置测温接口实现对温度的精密检测，并实现对实测温度曲线的精确分析和校对。
- 采用高精度数字视像对位系统，PCB 板定位采用 V 形槽，采用线性滑座，使 x、y、z 三轴均可做精细微调或快速定位，方便、准确，满足不同 PCB 板排列方式及不同大小 PCB 板的定位。
- 灵活方便的可移动式万能夹具对 PCB 板起到保护作用，防止 PCB 边缘器件损伤及 PCB 变形，并能适应各种 BGA 封装尺寸的返修。
- 配备多种规格合金风嘴，该风嘴可 360℃任意旋转定位，易于安装和更换。

- 上下共 3 个温区独立加热，3 个温区可同时进行多组多段温度控制，保证不同温区同步达到最佳焊接效果。加热温度、时间、斜率、冷却、真空均可在人机界面上完成设置。
- 上下温区均可设置 8 段温度控制，可海量存储温度曲线，随时可根据不同 BGA 进行调用，在触摸屏上也可进行曲线分析、设定和修正；3 个加热区采用独立的 PID 算法控制加热过程。
- 升温更均匀，温度更准确。
- 采用大功率横流风机迅速对 PCB 板进行冷却，以防止 PCB 板的变形，贴装、焊接、拆卸过程实现智能自动化控制。
- 具有 USB 接口，可方便下载当前曲线图到 U 盘中存储，可以插上鼠标使用加长触控屏使用时间。
- 配置声控"提前报警"功能，在拆卸、焊接完成前 5～10s 以声控方式警示作业人员做相关准备。上下热风停止加热后，冷却系统启动，待温度降至常温后自动停止冷却。保证机器不会在热升温后老化。
- 经过 CE 认证，设有急停开关突发事故自动断电保护设置。

自动对位型 BGA 焊接设备如图 14-180 所示，其型号是 HD-A3，这款设备和 HD-A2 的最大区别是光学定位时，A2 是采用手工调整芯片的位置进行对准操作，而该设备是采用自动调整芯片的位置进行对准操作，这样会使芯片的对准工作更简单、更准确。并且焊接完毕时，机器会自动停止，加热头会自动抬起来，非常智能化，人工可参与大大减少，进一步提高了 BGA 芯片焊接的成功率。

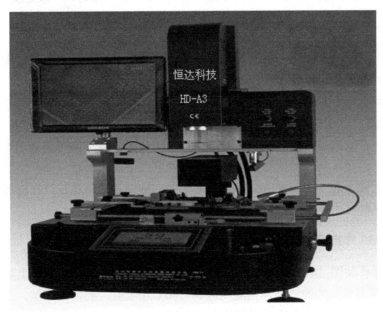

图 14-180

维修人员可以根据自己的经济情况选择适合的工具设备，如果条件允许，建议买先进一些的设备，因为"工欲善其事，必先利其器"，先进的工具不但可以大大提高维修成功率，并且也会给客户带来很高的档次感，提升了店面的形象。

14.4.15　BGA 芯片的回焊工作

回焊是将置好球的旧芯片或者新芯片焊到主板上的过程，回焊是 BGA 操作的最后一步，其成败将直接影响到 BGA 焊接的成功率，因此要谨慎操作。

1. BGA 芯片回焊前的准备工作

芯片回焊前，首先要将主板上芯片周围贴上铝箔纸以防止伤到其他元器件，如果取芯片时的贴纸还在，则不需要重贴，只需要将主板焊盘涂上适量的助焊膏即可。

需要注意的是，芯片第一脚不要放错，一般芯片会有指示标志，对应主板相应的指示标志即可，但是最好的办法是在取芯片前就记好方向，以免出错。主板上放芯片的位置一般会有 4 条线用来核准芯片的固定位置，将芯片固定在 4 条线以内的中心位置即可，稍偏点一些在锡球熔化后还可以自动回位。

2. 有铅和无铅芯片的区分

在 BGA 焊接中，芯片上的锡球分为无铅和有铅，在进行 BGA 操作之前一定要区分要做的芯片是哪种类型。

铅的熔点比锡要低，因此有铅的锡球一般 180℃左右即可熔化，而无铅的锡球，其熔化温度要在 260℃左右，因为芯片在太高的温度下容易爆桥，因此采用无铅锡球的芯片其焊接难度比有铅的要大很多，成功率也相对有所降低，不过如果设备好，温度准确，一般是没有问题的！

3. 做 BGA 时如何防止爆桥

爆桥是指芯片在太高的温度下产生的局部变形裂开。爆桥的最主要的原因是温度过高，但是无铅的芯片温度低了锡球又不能熔化，因此这是一个矛盾，为了解决这个矛盾，有人采用无铅芯片，将其用有铅锡球重置以降低爆桥的可能，但重新置球太麻烦，推荐购买档次高一点的 BGA 设备，做无铅的芯片很轻松。

爆桥的另一个原因是芯片潮湿，如果芯片长时间放置（当然你买来就用也有可能厂家已经长时间放置）不用，其内部就会受潮，在极高的温度下，内部潮气向外剧烈释放也是爆桥的一个原因，因此，芯片在上机前最好先预热一下，特别是无铅芯片，在取旧芯片时，随手将新芯片放在此时被加热的主板上预热即可。

4. 简易 BGA 焊接设备回焊实际操作

该机实际操作如图 14-181 所示，将线路板水平放在该设备上，调整上头离芯片的位置 5cm 左右。注意观察芯片的情况，当温度达到 180℃左右时，要特别注意，此时芯片很快会由于锡球的熔化而落下来，当感觉到芯片落下来时，再稍等几秒，就可以用平头螺丝刀轻碰触芯片，如果此时芯片可以被推动并会自动弹回来，说明所有的锡球已熔化，此时可以移开上加热头，关闭机器。

图 14-181

5. 中、高档 BGA 焊接设备回焊实际操作

中、高档 BGA 焊接设备回焊就比较简单了，因为机器的自动化程度较高，所以人工可参与的部分并不多，基本都是机器在自动运行。但也不能完全依赖机器的自动操作，感觉到芯片已焊好的情况下可手动停止机器。

由于中、高档 BGA 焊接设备均是热风机器（加热采用的是热风原理），它和简易型设备（加热采用红外线原理）有所不同，其上头离芯片 1mm 左右，下风口离主板 1cm 左右，如图 14-182 所示。当全部的锡球熔化后，该芯片也会落下来，此时用螺丝刀轻轻地碰触芯片，如果有推动并自动弹回的感觉，证明其已焊好，此时可以手动关闭机器，当然等机器自动走完加热程序后自停也可以。建议手动停止，因为芯片已经焊好，再加热也没有意义，并且长时间加热对主板只有坏处没有好处。

图 14-182

6. 如何判断 BGA 芯片已焊接好

BGA 焊接操作完成后，从四面去看这个芯片，离主板的高度要一致，四面锡球应清晰可见，不得有连球或者没有落下的地方，有连球会导致短路，没有落好会导致部分锡球焊接不良。同时还要测试一下芯片的供电端对地是否短路，以防止通电烧芯片，一切检查完毕后，等待主板自然冷却 5min，即可上电试机。

7. 焊接完毕后的主板清理

做 BGA 焊接成功后，为了美观，用棉花蘸适量洗板水对芯片周围进行清洗，清洗完这块主板基本就和没有修过是一样的。需要提醒的是，用洗板水洗过后，最好用热风枪再烘干一下，以前遇到过洗板后机器点不亮的情况，原因就是洗板水液体导致的人为故障，用热风枪烘干即可，这一点在之前的洗板水章节里也有过介绍，大家应引起重视。

关于 BGA 焊接方面的知识、经验和技巧，均是作者长期在一线实体维修连锁企业中做实际维修时所总结的，希望大家认真学习、仔细领会其中的要领，有条件的话，根据所讲的知识，再到实际的维修工作中亲自对照操作一下，理论结合实践，根据自己实际操作的体验，总结经验，吸取教训，摸索前进，最后达到过硬的操作水平！

第 15 章
测量工具的使用

在电子产品的维修中，测量工具主要有万用表和示波器两种，其中，最常见的是万用表，几乎所有维修人员人手·部。万用表主要用来测量一些稳定的参数，如固定的电压、电流、电阻等。示波器在维修行业中属于高端测量工具，由于其价格昂贵并且使用起来也相对比较复杂，因此只有技术比较精湛的高级维修人员才会拥有，示波器主要用来测量一些万用表测量不到的参数，如振荡波形、干扰脉冲、复位信号等，本章将重点介绍示波器的应用。

15.1 万用表

按显示屏的显示方式来划分，万用表可以分为指针式万用表（以下简称"指针万用表"）和数字式万用表（以下简称"数字万用表"）两种，万用表的价格从 35 元左右到几百元的均有，一般情况下，价格在百元以上的，其质量就相当不错了。

15.1.1 指针万用表

指针万用表如图 15-1 所示。可以看到，它是用表头里面的指针来显示测量结果，这种显示方式比较麻烦，测量结果并不能直接读出，而是需要根据所选择的挡位并结合指针所指的位置再进行一定的计算才可以得到读数，并且指针所指示的位置由于操作者的不同及观察角度的不同，往往会产生一定的误差，因此，这种万用表在实际维修工作中已经很少有人使用了，目前只有一些年龄较大的维修人员对其还"情有独钟"。

图 15-1

15.1.2 数字万用表

数字万用表如图 15-2 所示，可以看到，它的读数区是一块液晶显示屏，测量结果由内部电路计算后以数字的形式直接显示在该液晶屏上，它使用起来相对于指针万用表省去了复杂的人工计算的过程，因此受到了很多维修人员的喜爱，目前新入门的维修人员及培训学校里均全面使用数字万用表。

数字万用表在元器件测量方面的使用方法（如测量电阻、电容、二极管、三极管、场效应晶体管等）在前面的章节里已经做过详细的介绍，接下来重点介绍一下它的另外两个功能，即电压测量和电流测量。

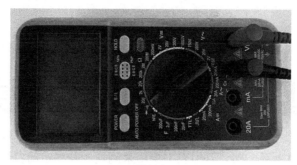

图 15-2

1. 电压测量

电压测量又分为直流电压测量和交流电压测量两部分，接下来分别详细介绍它们的具体操作方法。

（1）直流电压测量

在电子产品的维修中，特别是电脑数码产品的维修中，电压几乎都是以直流的形式存在。在测量电压前，首先要确定它是直流电还是交流电，因为这关系着挡位选择区域的不同，其次，还要估计一下被测电压的大小以便选择合适的量程。如果不能估计出被测电压的大小，那么就应尽量选择大一点的量程。

接下来以实物为例，介绍一下直流电压的测量步骤。

第一步：先找一块电路板上的待测试点（这里选择一款笔记本电脑主板系统供电中 5V 左右的电压作为测量点）。

第二步：选择挡位，将万用表的挡位开关选择到直流电压测试的区域，并选择合适的量程（比估计的被测电压稍微大一点），这里由于所做测试的电压估计在 5V 左右，因此选择 20V 直流测试挡位即可，如图 15-3 所示。

第三步：将万用表的黑色表笔针接地（电子产品的地线一般是滤波电容的负极或者大面积的铁皮或者螺钉固定孔），然后将万用表的红色表笔针去碰触测试点，如图 15-4 所示，可以看到，测到的电压值为 5.15V。

需要提醒的是：万用表的黑色接地表笔针应尽可能离红色测量表笔针远一些，以防止由于两只表笔针过近而导致的短路打火，也就是说，接地的黑色表笔针应尽量接远一点的地线，因为地线都是相通的，接哪里都一样。

（2）交流电压测量

交流电压主要用于市电 220V 或者工业设备中的 380V，在数码电子产品中，交流电一般在工频变压器的后级可以测量到，其他地方用交流电的情况很少，接下来以市电 220V 为例来讲解交流电压的测量。

第一步：先估计下被测电压的大小，由于这里采用的是市电 220V 作为测量点，因此测量到的结果会在 220V 左右。

图 15-3　　　　　　　　　　　　　　　　　　　　图 15-4

第二步：选择挡位，将万用表的挡位开关选择到交流电压测试的区域并选择到合适的量程（根据被测电压的估计大小及选择量程的原则，此时应选择到交流 750V 挡），如图 15-5 所示。

第三步：将万用表的红、黑表笔针不分正负（交流电没有正负）地插入被测电源插座，如图 15-6 所示，可以看到，测量的结果为 227V。

这里需要注意，测量大于 36V 的人体安全电压时，一定要做好绝缘工作，以防止触电现象的发生。

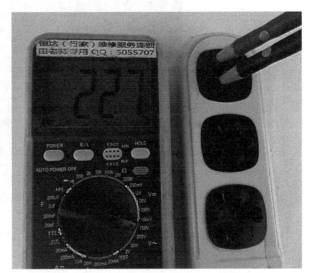

图 15-5　　　　　　　　　　　　　　　　　　　　图 15-6

2. 电流测量

和电压测量一样，电流测量也分为直流电流测量和交流电流测量两部分，但无论是直流电流

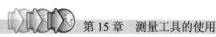

测量还是交流电流测量，它相对于电压测量的复杂之处是电流测量需要将万用表串联在电路中，也就是说需要把被测量的电路中间割断，然后将万用表串联其中，接下来详细对其进行介绍。

（1）直流电流测量

测量前，首先要选择一条被测量电流的电路，如图 15-7 所示，图中白色圆圈内的电路就是要测量电流的电路。

由于测量电流时，需要把万用表串联在电路中，因此，在测试电路中的电流前，需要用刻刀先把被测电流的电路割断，如图 15-8 所示，这里需要注意的是，割断被测电流的电路板走线时，应小心操作，以避免伤到其他线路，特别是被割电路附近比较细的电路走线，应该特别加以注意。

图 15-7

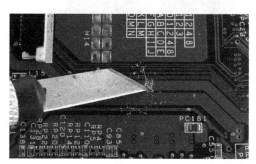
图 15-8

割断电路板走线后，还要把两边的电路板绝缘绿漆刮去一部分，以方便电流测试时连接万用表的表笔针，如图 15-9 所示，这里需要注意的是，割开的口子应尽可能的小，以方便测试完电流后再次用焊锡将其连接上。

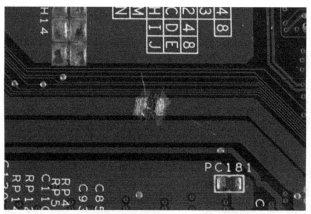
图 15-9

接下来要进行万用表挡位开关的选择，选择挡位开关要考虑两方面的因素，一是万用表的功能区间，也就是说，万用表的挡位开关在测试电流时需要打在什么区间以及表笔线是否需要做些调整，如图 15-10 所示，根据万用表表笔插孔处的标识，测试电流前，需要把红色表笔针放在从左边算起的第二个插孔内。二是挡位开关量程的选择，此时要先估计下被测电路中的电流大小再做决定，根据挡位量程的选择原则，需要把挡位开关选择到比估计到的被测电流稍微大一些的挡位，该电路中的电流估计在 100mA 左右，因此需要选择到 200mA 的挡位。

　　将万用表的红表笔接电路中的正极，黑表笔接电路中的负极（因直流电有正负极之分，因此必须红表笔接正极，黑表笔接负极，这里不可接错。对数字万用表而言，如果红、黑表笔接错会导致万用表显示负数，但一般情况下并不会烧坏万用表，而如果是指针万用表，接错会导致万用表的指针反偏，极易损坏万用表！因此，建议无论使用数字万用表还是指针万用表，都一定不要接错），如图15-11所示。

　　操作时，强烈建议先把电路中的电源完全断开，待万用表接好后再进行上电，如果在上电的情况下直接去测试，表笔针在接触测试点时，极易因带电打火而烧坏相关线路，这一点一定要注意。

图15-10

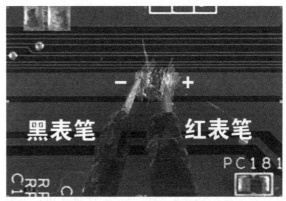

图15-11

　　正确连接好后，可以测得电路中的电流值，如图15-12所示，可以看到，该电路中的电流为96mA，与估计的100mA非常接近，如果此时万用表的液晶屏显示为"0"，表示该电路中无电流，如果显示为错误，则表示该电路中的电流过大，超出了挡位开关所选择的量程，此时需要更换更大一个级别的挡位。

　　一般情况下，数字万用表都会有一个20A的超大量程挡位，该挡位主要用来测试特别大的电流，根据其表笔插孔处的标识，如图15-13所示，可以看到，当使用该挡位时，需要把红表笔放在左边算起的第一个插孔内，然后将挡位开关选择到"20A"的位置，其他操作步骤与上面相同。

图15-12

图15-13

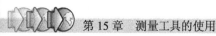

（2）交流电流测量

交流电流测量和直流电流测量操作方法上基本一致，不同之处主要有两点，一是进行交流电流测量时，挡位开关需要选择到交流电流的挡位区间。二是进行交流测量时，因交流电流不分正负极，因此测量时也无需区分万用表的红、黑表笔，也就是说红、黑两只表笔针可以任意接，其他步骤一样。

15.2　示波器

示波器在维修中是一种高端测量工具，它主要用来测量一些万用表测量不到的参数，如时钟、复位、波形等，正是由于其有了这样"独特"的功能，因此在维修一些疑难故障机时，示波器在这里可以大显身手，维修技术比较高的维修人员，一般都配有示波器，维修车间里是否有"示波器"这一工具，有时也会成为判断一家维修公司是否具有高水平维修能力的一种标准，因此，维修车间里还是建议放一台示波器比较好。

15.2.1　示波器的分类

按结构来区分，示波器可以分为模拟示波器和数字示波器两种。模拟示波器如图 15-14 所示，它的工作原理有点类式于指针式万用表，它是通过刻度旋钮所选择的挡位，结合图像的位置坐标，还需要经过一定的计算才可以得到测量的结果，因此使用起来非常麻烦，这种示波器正逐步被淘汰。如果只是为了提升一下店面的形象而并不实际去使用它，可以花几十元钱去电子产品旧货市场买两台放在店里，也可以给客户带来一个不错的印象。

图 15-14

模拟示波器虽然使用起来比较麻烦，但也有它自身的优点，它的优点是抗干扰能力强，相对于数字示波器而言，它所显示的图像更加清晰，边缘没有毛刺，对瞬间的波形抓取成功率更高。尽管这样，由于其使用起来十分麻烦，使用该类示波器的人还是越来越少了。

常见的数字示波器如图 15-15 所示，可以看到，它和模拟示波器相比，屏幕显示上多了很多文字和数字，图像显示的内容也更加丰富多彩。这种示波器最大的好处是不需要人工计算，测量结果会经过内部自动计算后直接显示在液晶屏上，因此使用起来十分方便！

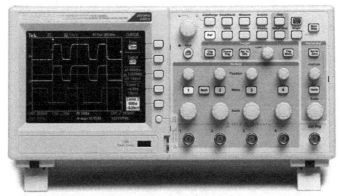

图 15-15

15.2.2 认识数字示波器

接下来以恒达维修连锁为广大学员特别定做的一款数字示波器为例，对示波器进行一个初步的认识。如图 15-16 所示，示波器的正面主要由电源开关、液晶显示屏、USB 接口、功能按键及旋钮、连接端子、校准端子 6 大部分组成，接下来分别介绍它们。

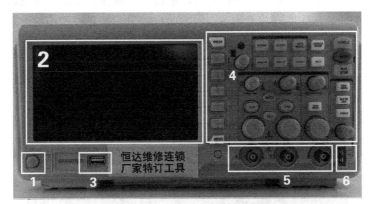

图 15-16

1. 电源开关

电源开关如图 15-17 所示，它位于机器的最左下方，按下电源开关可开启整机电源，抬起可关闭整机电源。由于示波器内部含有操作系统，因此当按下电源开关后，示波器的启动需要几十秒种的时间，此时不可过于频繁地开启与关闭此开关，以免损坏内部操作系统。

图 15-17

2. 液晶显示屏

液晶显示屏如图 15-18 所示，在使用示波器进行波形测量时，所有的波形图像、参数、数值等，均可以在这块液晶显示屏上进行显示，由于液晶显示屏属于易碎品，因此使用时应避免硬物碰伤或者利器划伤。

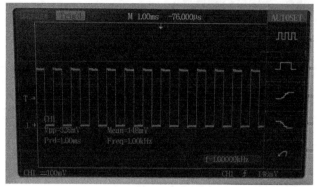

图 15-18

3. USB 接口

USB 接口如图 15-19 所示，它主要用来输出示波器所保存的图像，在使用示波器测量时，一些关键测试点的波形、数值等参数，可以通过示波器保存下来，然后通过该 USB 接口输出转存至 U 盘，从而永久保存关键测试点数据，以备日后需要做相应的波形参考时调用。

图 15-19

4. 功能按键及旋钮

功能按键及旋钮如图 15-20 所示，可以看到，这里有非常多的按键、旋钮类调节装置，它们分别控制着不同的示波器参数。很多维修人员一看这么多按钮，就感觉脑袋发晕、无从下手，其实这些按钮可以被划分为几大类，每类里又关联着和示波器不同参数之间有关的调节，只要掌握了它的各分类功能，这些按钮操作起来就会变得简单，下面的章节会对其进行详细介绍。

5. 连接端子

连接端子如图 15-21 所示，可以看到，这里主要有 CH1（X）端子输入、CH2（Y）端子输入和 EXT TRIG 端子输入 3 种接口，其中 CH1 和 CH2 分别用来接示波器的两只探头，

EXT TRIG 用来接外部触发信号，外部触发信号的作用是当 CH1、CH2 同时在采集数据时，示波器可以用该端子输入的信号做触发源。

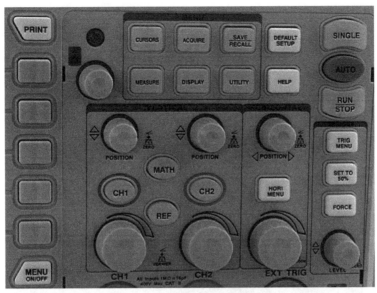

图 15-20

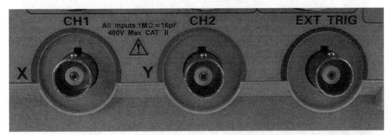

图 15-21

6. 校准端子

校准端子如图 15-22 所示，可以看到，它主要由一个"1kHz"的输出端子和一个"GND"输出端子组成，其中"1kHz"输出端子会输出一个固定 1000Hz 的信号以用来对示波器进行校准，"GND"为地线接口。

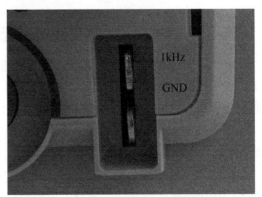

以上介绍的是示波器的正面相关区域，示波器的反面如图 15-23 所示，可以看到，它的反面接口主要由电源插座、接线端子、COM 接口和数据线接口 4 部分组成。

图 15-22

示波器的反面各接口如图 15-24 所示，其中电源插座用来连接 220V 交流市电，Pass/Fail Out 接口和 RS232 接口均为测试成功/失败的数据输出接口，可以连接外部设备，Pass/Fail

Out 接口为高速接口，RS232 为低速接口。USB 接口主要用来和计算机相连，以进行内部软件的升级与调试。

图 15-23

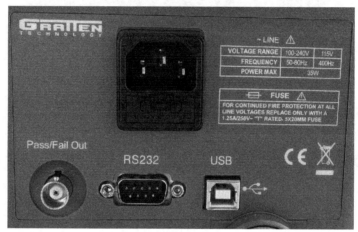

图 15-24

15.2.3　数字示波器的基本设置

数字示波器的基本设置主要是探头的安装及校准调试，示波器出厂时，随机会带有探头，探头在接触测试点时使用，它的功能相当于万用表的表笔针，如果是双路示波器，出厂时则会带一对探头，随探头一起的还有探头调整工具包，如图 15-25 所示。

探头的头部有一根接地线（该接地线一般是以"鳄鱼夹"的形式出现，以方便夹取地线）和一个探头保护套，如图 15-26 所示。

拉动探头保护套，会发现其内部藏有一只"钩子"，如图 15-27 所示。该"钩子"主要用来测试电路板中带孔的测试点，这样可以直接用该钩子钩住测试孔，使人手远离测试点，以减少干扰脉冲，同时也会使测试工作更加方便。

在实际的测量工作中，带孔的测试点毕竟比较少，因此常常拔去探头保护套而直接用探头来进行测试，拔去保护套后的探头如图 15-28 所示。

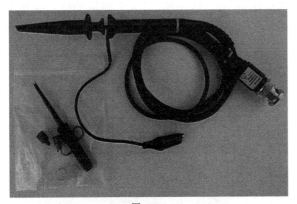

图 15-25

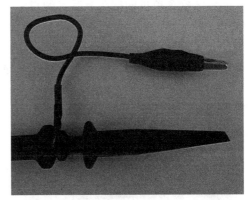

图 15-26

图 15-27

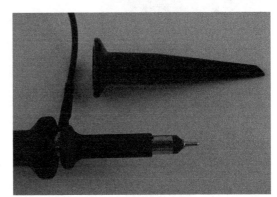

图 15-28

　　每根探头上都会有一个调整旋钮，如图 15-29 所示，只不过该旋钮有的在探头手柄上，有的则在探头连接示波器的接头上，它主要用来校准探头，用示波器随机出厂赠送的专用调整工具可以调整它。

　　探头手柄上一般还会有一个衰减选择开关，如图 15-30 所示，衰减选择开关一般有"×1"和"×10"两个挡位供维修人员选择，它主要用来和示波器内部的衰减设置进行匹配，也就是说，当手柄上的衰减开关打在"×1"时，其对应的示波器内部参数设置处的探头衰减也要设置为"×1"，一般情况下，在实际的维修工作中，一般都把探头的衰减调整为"×10"。

图 15-29

图 15-30

示波器菜单里的探头衰减参数设置如图 15-31 所示，这里的"1×"对应的就是探头上的"×1"，通过菜单按钮可以将其调整为"10×"，该示波器的探头衰减还支持"100×"和"1000×"。这里调整的参数只要和探头手柄上的衰减参数一致就可以了，如果不一致的话会出现测试的结果和实际结果相差 10 倍或者 100 倍等情况。

探头和示波器相连接的插头如图 15-32 所示，可以看到，这种插头类似于监控摄像头上面的插头，也类似于同轴电缆的插头。

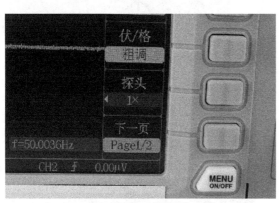

图 15-31

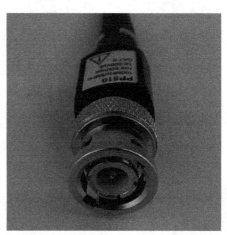

图 15-32

将该插头对好位置插入示波器接线端子，然后将其扭紧即可，如图 15-33 所示。这里需要注意的是，在将探头取下时，一定要先松开扭紧的螺钉扣，再将探头的接头拔出，切忌不松螺钉扣就直接向外拔探头，那样极易损坏探头。

用同样的方法，将另一只探头也装好，如图 15-34 所示。这里需要注意的是，一般情况下，平常维修中只需要接 1 只探头就可以了。

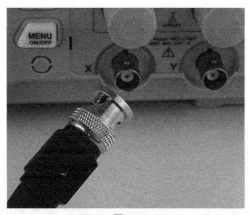

图 15-33

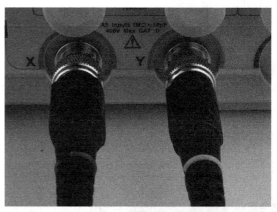

图 15-34

如果同时接了 2 只探头，就可以看到 2 幅波形，如图 15-35 所示。同时看 2 幅波形这种情况一般用在需要将波形对比的时候，也就是说，手里有一台故障机，先探测到它的某个维修测量点的波形，然后再到无故障的机器中，同样探测这个测量点，以使故障机器和正常机器相同测量点处的波形做对比，用来判断故障机该处是否有故障。

示波器的探头安装完成后，要对探头进行校准。校准的方法是先将探头手柄处的地线夹在示波器校准测试端子的地线处，然后用探头去接触 1kHz 标准频率输出测量点，如图 15-36 所示。

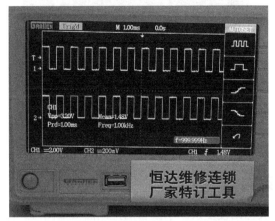

图 15-35

图 15-36

　　测得的结果如图 15-37 所示，可以看到，该波形并不规则，上部横线图像左端上扬，下部横线图像左端下垂，正常情况下都应该是水平笔直的。

　　用示波器探头自带的调整工具对探头末端的调整螺钉进行调整，如图 15-38 所示。如果此时同时接了 2 只探头，则需要将它们分别进行调整，该调整只是在新买示波器后第一次使用时所做的调整，以后每次使用前并不需要都这样做，但如果示波器使用一段时间后，如 1~2 年后，可能会出现因各方面参数的变化而使示波器测得的波形再次出现不规则，此时需要再次进行校准调整。

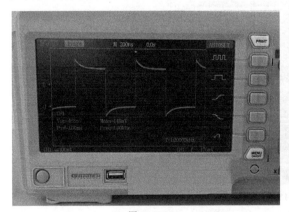

图 15-37

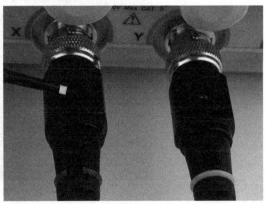

图 15-38

　　经过校准调整后的标准测试波形如图 15-39 所示，可以看到，校准调整后的波形基本可以达到横平竖直的标准，这里需要注意的是，使用探头校准调整工具调整时要注意调整的幅度，调整不足和过度调整都会出现图像不规则，也就是说调整遵循抛物线原理，大家在实际调整时会有感觉的。

　　校准输出端子输出的是 1kHz 的标准脉冲信号，在示波器屏幕显示的最右下方，可以看到它的频率 $f=1.00000$kHz，如图 15-40 所示。

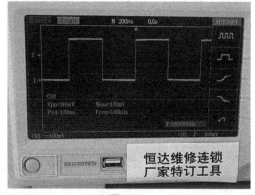

图 15-39

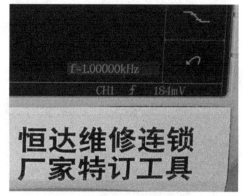

图 15-40

15.2.4 数字示波器的主要功能按键

由于数字示波器的功能较多，因此其控制面板也比较复杂。示波器的控制面板如图 15-41 所示，这是控制面板上的所有按键，这些按键可以分成 9 个单元，接下来一一介绍它们。

对于日常维修中比较常用的功能按键，将重点进行介绍，对于其他不是很常用的按键，简单介绍一下，大家日后在使用示波器时还可以慢慢地再去了解它。

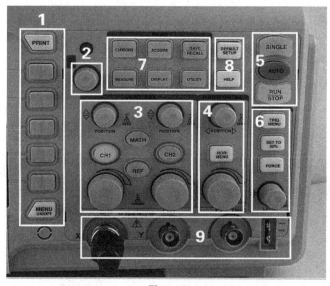

图 15-41

1. 第 1 区域功能介绍

该区域内共有 7 个按键，该区域内的所有按键主要是控制和屏幕显示有关的内容，其中最上面的"PRINT"为打印按键，按下此键后，可以将示波器屏幕上的某个波形图像保存下来，通过 U 盘进行输出至计算机，然后再用打印机打印出图象，以用来做波形的分析与收藏。

最下面的"MENU on/off"键为屏幕菜单开启与关闭的控制按键，按一下该键后，屏幕上的菜单开启，再按一下，菜单关闭，如此循环。

其他 5 个未标记的按键为"万能按键","万能按键"是指它们会根据屏幕上当前所显示的内容而自动改变其功能，如屏幕上显示 ON/OFF 切换，那么和它对应的这个按键就是开启与关闭按键，再如屏幕上显示单次触发/多次触发，同样还是这个按键，它就变成了单次触发与多次触发的切换按键。

2. 第 2 区域功能介绍

该区域内只有一个按钮，该按钮也为万能按钮，它可以配合其他功能键实现一些调整工作，在待机情况下，该按钮为屏幕亮度调节按钮，旋转此按钮，示波器屏幕的亮度会随之变化，如图 15-42 所示。可以看到，在进行亮度调节时，屏幕左下方会有一个亮度调节指示条，根据自己的需要调整到自己认为舒服的位置即可。

3. 第 3 区域功能介绍

第 3 区域内共有 8 个按键，如图 15-43 所示，该区域内的按键主要用来控制垂直方向上的参数，其中最常用的是前 6 个。

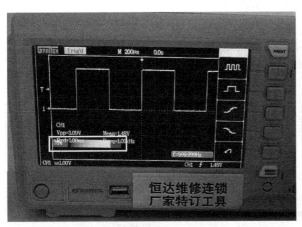

图 15-42

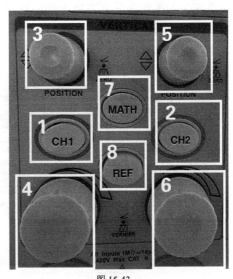

图 15-43

图 15-43 中的旋钮 1 CH1 为第一通道选择开关。按下此按键，CH1 按键内部的指示灯亮起，代表此时第一通道的探头被接入电路中，再次按下此按键，CH1 按键内部的指示灯熄灭，代表此时已关闭第一通道的探头。

图 15-43 中的旋钮 2 CH2 为第二通道选择开关。按下此按键，CH2 按键内部的指示灯亮起，代表此时第二通道的探头被接入电路中，再次按下此按键，CH2 按键内部的指示灯熄灭，代表此时已关闭第二通道的探头。

CH1、CH2 为通道选择开关，哪个内部的指示灯亮起，证明哪个通道的探头被接入电路，如果两个指示灯同时亮起，则证明两个通道的探头同时被接入电路，如果两个指示灯均熄灭，代表两个通道的探头同时被关闭。

图 15-43 中的旋钮 3 用于控制第一通道探头图像的垂直上下移动，顺时针旋转此旋钮，

可使图像向上移动，如图 15-44 所示。反之，如果逆时针旋转此旋钮，则第一通道的探头图像会向下移动，如图 15-45 所示，这样调整操作可以使图像在屏幕的正中间，以方便观测。

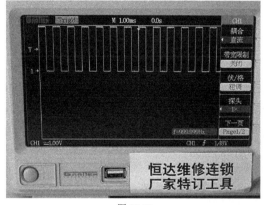

图 15-44

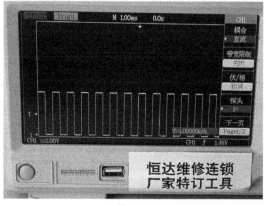

图 15-45

图 15-43 中的旋钮 4 用于控制第一通道的图像垂直幅度，顺时针旋转此旋钮，可使第一通道探头的图像在垂直方向上的幅度增加，如图 15-46 所示。反之，逆时针旋转此旋钮，则可使第一通道探头的图像在垂直方向上的幅度减小，如图 15-47 所示，这样调整的目的同样是使图像在屏幕的正中央，以方便用来观察和分析波形。

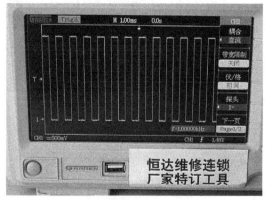

图 15-46

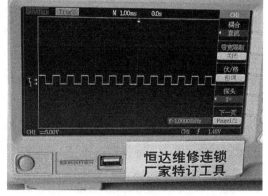

图 15-47

图 15-43 中的旋钮 5 用于控制第二通道探头图像的垂直上下移动，顺时针旋转此旋钮，可使图像向上移动；反之，如果逆时针旋转此旋钮，则第二通道的探头图像会向下移动，这样做的目的同样是使第二通道探头的图像能在屏幕正中央。

图 15-43 中的旋钮 6 用于控制第二通道的图像垂直幅度，顺时针旋转此旋钮，可使第二通道探头的图像在垂直方向上的幅度增加；反之，逆时针旋转此旋钮，则可使第二通道探头的图像在垂直方向上的幅度减小，这样调整的目的是使第二通道探头的图像可以处于屏幕的正中央，以方便观察和分析数据。

图 15-43 中的按钮 7 MATH 为数学运算按钮，通过该按钮可以实现 CH1、CH2 双路通道的波形相加、相减、相乘、相除等工作及 FFT 运算，反复按下此按钮，可实现进行或取消数学运算的功能，该按钮在实际维修测量中用处不大。

图 15-43 中的按钮 8 REF 为基准波形（参考波形）调用按钮，按下它可以调出已存的参考波形图像，在实际测量过程中，可以把实际波形和参考波形做比较，从而判断故障原因，此方法在具有详细电路测量点标准波形的前提下更有使用价值，平常维修中该功能用的也很少。

4. 第 4 区域功能介绍

第 4 区域为图像水平方向上的参数调整，该区域内共包含有 2 个旋钮和 1 个按键，如图 15-48 所示。

图 15-48 所示的旋钮 1 用于控制图像水平方向上的位置移动，顺时针调整该按钮时，图像中心点向屏幕的右方偏移；反之，逆时针旋转此旋钮，则图像中心点向屏幕的左方移动，实际维修工作中，该功能用的也并不是太多。

图 15-48 所示的按键 2 HORI MENU 为水平菜单控制键，按下该按键后，可以在屏幕上显示水平方向上的菜单，然后再通过和屏幕菜单所对应的万能按键实现调整水平方向上参数的目的。

图 15-48 所示的旋钮 3 为水平方向上的宽度调整，顺时针旋转此按钮，可使图像水平方向上变宽，如图 15-49 所示。反之，逆时针旋转此旋钮，可使图像在水平方向上变窄，如图 15-50 所示。通过此旋钮的调节，能使图像水平方向上的稠密程度适中，以方便维修人员观察和分析波形图像。

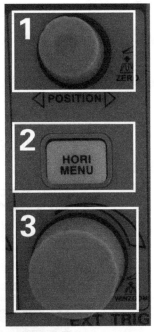

图 15-48

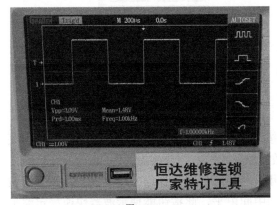

图 15-49

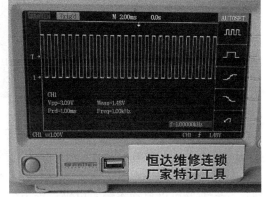

图 15-50

5. 第 5 区域功能介绍

第 5 区域内共有 3 个按键，如图 15-51 所示。这 3 个按键不仅是最常用的，而且是最实用的，也是功能最强大的。

（1）SINGLE：重新触发按钮。每按下一次该按钮，证明重新开始一次新的触发，它相当于计算机里的"复位"键。

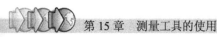

（2）AUTO：自动按钮。该按钮是示波器里最常用的按钮，特别是对一些新入门的维修人员，如果不是很懂示波器的使用技巧，那么在测量波形时，只要按一下该按钮，示波器会自动为你调节好所有参数。需要注意的是，该按钮在绝大多数情况下可以为操作者省去很多繁琐的参数设定，但特殊的情况（如某些不容易抓到的波形、特定的波形）还要手工进行设置。

（3）RUN/STOP：运行与停止按钮。反复按下此按钮，示波器可在运行和停止之间切换，运行就是正常工作，停止是暂停波形界面，当对一个电路波形需要分析几分钟甚至更长时间时，此时就可以按一下这个按钮，使刚刚测到的波形停留在屏幕上（它相对于暂停键）。如果分析完毕，需要测试下一个，再次按下这个按钮，示波器又恢复正常工作。

6. 第 6 区域功能介绍

该区域为触发控制区域，该区域内共 4 个按键，如图 15-52 所示，其功能全部是与触发选项有关的参数调整。

图 15-51

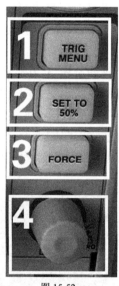

图 15-52

按键 1TRIG MENU 为触发调整菜单键，按下此按键，示波器屏幕上会弹出触发控制菜单项，如图 15-53 所示，以用来进行相应的参数调整。

按键 2SET TO 50%为设置到 50%按钮，使用此按键可以快速抓取及稳定波形，按下此钮后，示波器可以自动将触发电平设置为信号的中间电平，此按钮能使示波器快速稳定波形及更容易抓到瞬间的波形。

按键 3FORCE 为强制触发按钮，按下此按钮后，无论示波器是否检测到触发信号，都会强制触发一次，从而完成当前信号的采集，该功能主要对应于触发选项里的"单次"和"正常"，也就是单次触发和多次触发的区别。

按键 4 为触发电平调节旋钮，主要用来调整触发点所对应的触发电压，以便进行采样，该旋钮为复合旋钮，既可左右旋转，也可按下。当按下该旋钮时，触发电压被调整为 0V。

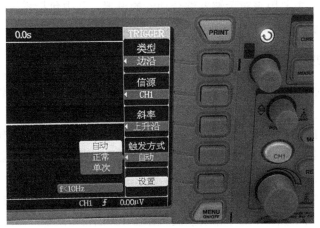

图 15-53

7. 第 7 区域功能介绍

该区域为通用菜单选项，共有 6 个按键，如图 15-54 所示。

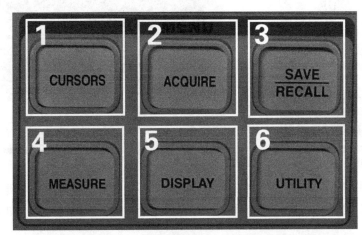

图 15-54

按键 1 CURSORS 为光标测量模式选择。通过按下该按键，可以选择机器的光标测量模式，光标测量共有手动模式、追踪模式、自动模式 3 种。

按键 2 ACQUIRE 按键为采样模式选择。通过按下该按键，可以选择机器的 3 种采样模式，分别是普通采样、峰值采样、平均值采样。

按键 3 SAVE/RECALL 为保存与恢复按键。通过此按键，可将设置文件、波形文件等保存到仪器内部存储区域或者 U 盘上，同样的道理，也可将仪器内部的存储区域内或者 U 盘内已存的设置文件、波形文件等还原到示波器内，从而实现参数的备份与恢复。

按键 4 MEASURE 用来控制、调整测量波形的参数。该机可以测量 32 种波形参数，测量波形参数的种类主要有电压类、时间类和延时类 3 种，该功能在日常维修中并不常用。

按键 5 DISPLAY 为显示按键。按下此按键，可以在屏幕上显示所有参数及所有可调整项，再次按下该按键，关闭显示项。

按键 6 UTILITY 主要用来对示波器综合功能的设置，其中包括系统配置、界面配置、通过测试、频率计算等操作，这个功能用的也不是太多。

8．第 8 区域功能介绍

该区域内的功能比较简单，只有 2 个按键，一个是恢复默认设置按键，另一个是 HELP 按键，如图 15-55 所示。

按键 1 DEFAULT SETUP 为恢复出厂设置按键。如果维修人员在操作示波器的过程中，误将各种功能设置乱套时，只需要按一下这个按键，所有设置均会被恢复为出厂时的默认参数设置。

按键 2 HELP 为帮助按键。该按键的设置，对使用示波器提供了很好的帮助作用，如果忘记了某个按键的功能，可以按一下这个帮助按键，屏幕会弹出帮助菜单，如图 15-56 所示。屏幕显示：欢迎使用在线帮助信息，按相应的按键查看其帮助信息，再次按 HELP 键退出帮助。

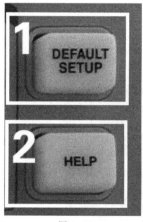

图 15-55

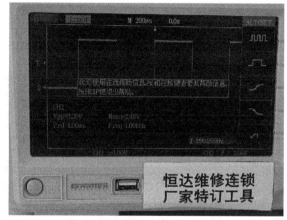

图 15-56

此时，如果按下示波器上的任意一个功能键，屏幕上则会出现对该功能键的解释，以按下第一通道"CH1"键为例，屏幕上会出现对"CH1"这个功能键的功能解释，如图 15-57 所示。

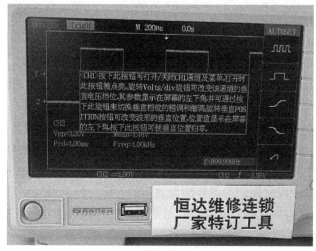

图 15-57

再如，当按下示波器上的"SAVE/REC"时，也就是保存与恢复按键，则屏幕上会出现对这个功能键的解释，如图 15-58 所示。

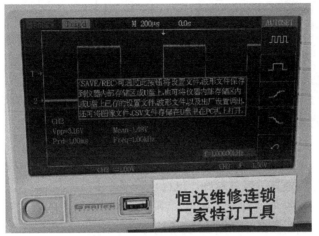

图 15-58

有了这个"HELP"键，当对示波器的某个功能键不是很了解的时候，可以通过这个功能查看一下相关介绍，但这里只是简单介绍，要深入了解某个键的功能，还要靠多钻研和摸索。

9. 第 9 区域功能介绍

第 9 区域共分为 4 部分，如图 15-59 所示，分别是第一通道探头输入，第二通道探头输入，外部触发源信号输入，标准校准信号输出。这些接口在之前的章节里已经做过介绍，这里不再重复。

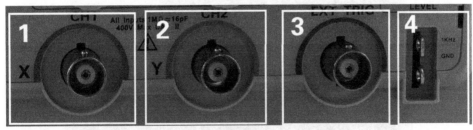

图 15-59

15.2.5 数字示波器在维修中的具体应用

数字示波器在实际维修中的应用有很多，这里选取几个最常用的应用介绍给大家，目的是带领大家入门。一旦入门后，再去深入和提高，那就会变得非常简单。

接下来先测试一个晶振的振荡频率，该晶振在实际的电路板上标号为"Y4"，如图 15-60 所示，这是一个笔记本电脑主板中时钟振荡芯片的外接晶振。

通过查看与该机所对应的电路图，如图 15-61 所示，可以看到，该"Y4"是一个标称振荡频率为 14.318MHz 的晶振。

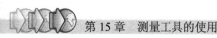

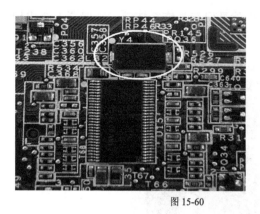

图 15-60

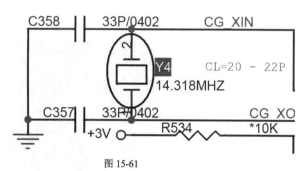

图 15-61

　　将示波器的探头地线接好，如图 15-62 所示。需要注意的是，探头的地线要尽量接在离被测电路测试点最近的地方，越近越好，这样可以减少干扰。

　　此时需要给电路板通电，如果不通电晶振是不会起振的，然后按下示波器的"AUTO"键，会测得该晶振一端的波形，如图 15-63 所示。

图 15-62

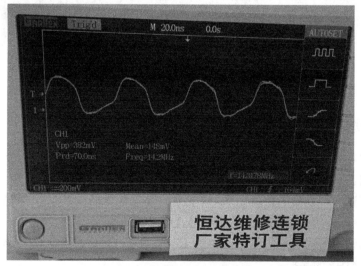

图 15-63

图 15-63 中的波浪线为晶振的振荡波形图，该波形图只有通过示波器才可以看的到，用万用表是看不到的。振荡频率在最右下角，如图 15-64 所示，可以看到它的振荡频率是14.3177MHz，之所以不是标准的 14.318MHz，是因为晶振振荡时都是允许有一定误差的。

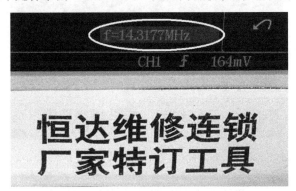

图 15-64

测晶振一般都会分别测其两边的波形，这样才比较准确，用同样的方法去测试该晶振的另一边，如图 15-65 所示。

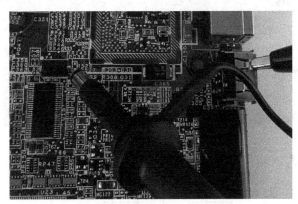

图 15-65

可以看到，晶振另一边的振荡波形如图 15-66 所示，仔细来看，两边的波形并不完全一样，也正是由于晶振两边的波形不完全一样，因此，如果我们用万用表去测量晶振两端的电压时，也会有很小的差异。根据晶振的这种特性，很多没有示波器的维修人员，有时就是通过测量晶振两端的电压差来判断晶振是否正常工作。一般情况下，如果有电压差，就认为晶振已经起振，这虽然并不完全正确（因为有些晶振虽然已起振，但振荡频率不一定符合标准），但也是一种不错的应急判断方法。

再来测量一下笔记本电脑主板 CPU 供电所采用的场效应控制极的脉冲情况，首先选一块笔记本电脑主板，找到它 CPU 供电所采用的场效应晶体管，如图 15-67 所示，这里共有 4个场效应晶体管，分别是 PQ16、PQ17、PQ18、PQ19。

首先通过分析电路图，判断这 4 个场效应管那些是上管，哪些是下管。根据笔记本电脑CPU 供电电路的规则，这 4 个场效应管里应该有 2 个并联做上管，有 2 个并联做下管，电路图如图 15-68 所示。可以看到，PQ18 和 PQ19 为下管（因其下面接地），PQ16 和 PQ17 为上管（因其没有接地的脚）。

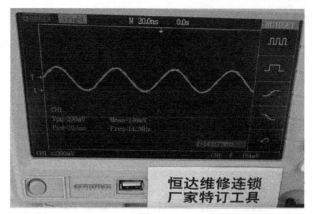

图 15-66

图 15-67

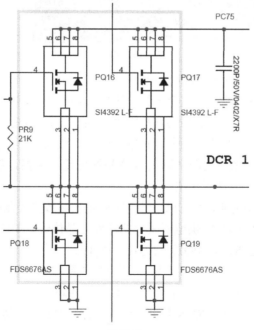

图 15-68

首先，来测试一下它的上管控制极脉冲情况，将示波器探头的地线接好，然后将探针接在 P16 的控制极（此时接 PQ17 的控制极也可以，因为它们是并联关系，接其中任何一个都可以测试），如图 15-69 所示。

给主板上电，然后按下示波器的"AUTO"键，可以看到 PQ16 控制极的脉冲如图 15-70 所示。根据之前学过的知识，上管的控制脉冲是开的多关的少，实际测量到的结果确实是这样，可以看到，开启的脉冲只占整个脉冲的 1/10 左右。

图 15-69

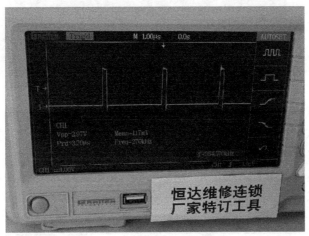

图 15-70

用同样的方法，再来测试一下下管的控制极脉冲情况。将示波器探头的地线接好，探针接到 PQ19 的控制极上（接到 PQ18 的控制极也可以，因为它们是并联关系，接哪里都一样测试），如图 15-71 所示。

根据电源的振荡原理，上管的控制极是开的少关的多，那么下管的控制极自然就是开的多关的少，因为上管开启时下管正好关闭，而上管关闭时下管又正好开启，实际测量到的结果如图 15-72 所示，可以看到果然是这样。

图 15-71

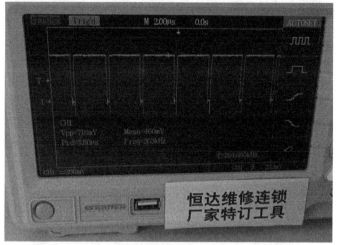

图 15-72

最后，再来测试一个复位信号。复位信号是一个瞬间的低电平，瞬间过后，它会呈现一个高电平，要想测试主板中的复位信号，首先要找到主板中的测量点，要想找到主板中的测量点，首先要在电路图中找到它在什么元件的多少脚。

通过分析电路图，如图 15-73 所示，可以看到，R5C832T_V00 这个芯片的第 119 脚为复位脚（复位信号的标志是"PCIRST#"）。

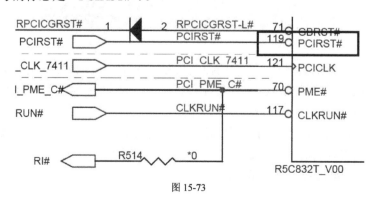

图 15-73

在实际的电路板中找到该芯片，如图 15-74 所示，同时数出它的第 119 脚，因该芯片一共 128 只引脚，从最后一个脚倒数 9 个脚出来即可。如果芯片的引脚太密不容易测试，也可以测和芯片相连的外围引脚。

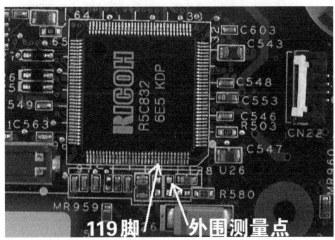

图 15-74

将示波器探头的地线接在离测试点最近的地方，然后将探头放在测量点上，如图 15-75 所示。

图 15-75

给主板通电，然后按下示波器的自动键，如果顺利的话即可抓取到如图 15-76 所示的波形图像。可以看到，前面那块瞬间的低电平就是复位信号，因复位信号是一个瞬间的低电平信号，瞬间过后则不会再有，如果示波器一次抓取不到，可以多试几次，如果还是抓取不到，可以将示波器的触发控制调整为单次触发，一般都可以抓到该波形。

以上介绍的是示波器的基本应用，大家课下可以找台示波器并找块主板（一定找功能正常的主板），亲自试验一下所讲过的方法和技巧。

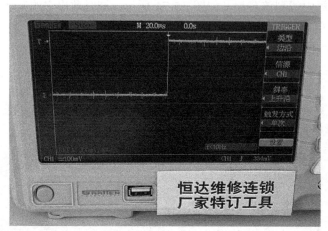

图 15-76

欢迎来到异步社区！

异步社区的来历

异步社区 (www.epubit.com.cn) 是人民邮电出版社旗下 IT 专业图书旗舰社区，于 2015 年 8 月上线运营。

异步社区依托于人民邮电出版社 20 余年的 IT 专业优质出版资源和编辑策划团队，打造传统出版与电子出版和自出版结合、纸质书与电子书结合、传统印刷与 POD 按需印刷结合的出版平台，提供最新技术资讯，为作者和读者打造交流互动的平台。

社区里都有什么？

购买图书

我们出版的图书涵盖主流 IT 技术，在编程语言、Web 技术、数据科学等领域有众多经典畅销图书。社区现已上线图书 1000 余种，电子书 400 多种，部分新书实现纸书、电子书同步出版。我们还会定期发布新书书讯。

下载资源

社区内提供随书附赠的资源，如书中的案例或程序源代码。

另外，社区还提供了大量的免费电子书，只要注册成为社区用户就可以免费下载。

与作译者互动

很多图书的作译者已经入驻社区，您可以关注他们，咨询技术问题；可以阅读不断更新的技术文章，听作译者和编辑畅聊好书背后有趣的故事；还可以参与社区的作者访谈栏目，向您关注的作者提出采访题目。

灵活优惠的购书

您可以方便地下单购买纸质图书或电子图书，纸质图书直接从人民邮电出版社书库发货，电子书提供多种阅读格式。

对于重磅新书，社区提供预售和新书首发服务，用户可以第一时间买到心仪的新书。

用户账户中的积分可以用于购书优惠。100 积分 =1 元，购买图书时，在 里填入可使用的积分数值，即可扣减相应金额。

特 别 优 惠

购买本书的读者专享异步社区购书优惠券。

使用方法：注册成为社区用户，在下单购书时输入 S4XC5 使用优惠码，然后点击"使用优惠码"，即可在原折扣基础上享受全单9折优惠。（订单满39元即可使用，本优惠券只可使用一次）

纸电图书组合购买

社区独家提供纸质图书和电子书组合购买方式，价格优惠，一次购买，多种阅读选择。

社区里还可以做什么？

提交勘误

您可以在图书页面下方提交勘误，每条勘误被确认后可以获得100积分。热心勘误的读者还有机会参与书稿的审校和翻译工作。

写作

社区提供基于Markdown的写作环境，喜欢写作的您可以在此一试身手，在社区里分享您的技术心得和读书体会，更可以体验自出版的乐趣，轻松实现出版的梦想。

如果成为社区认证作译者，还可以享受异步社区提供的作者专享特色服务。

会议活动早知道

您可以掌握IT圈的技术会议资讯，更有机会免费获赠大会门票。

加入异步

扫描任意二维码都能找到我们：

异步社区	微信服务号	微信订阅号	官方微博	QQ 群：436746675

社区网址：www.epubit.com.cn

投稿 & 咨询：contact@epubit.com.cn